不一样的 数学故事书

顾问　义务教育数学课程标准修订组组长
北京师范大学教授　曹一鸣

奇妙数学之旅

误入奇幻森林

三年级适用

主编：王　岚　孙敬彬　禹　芳

华语教学出版社

图书在版编目（CIP）数据

奇妙数学之旅.误入奇幻森林 / 王岚，孙敬彬，禹芳主编.—北京：华语教学出版社，2024.9

（不一样的数学故事书）

ISBN 978-7-5138-2530-6

Ⅰ.①奇… Ⅱ.①王… ②孙… ③禹… Ⅲ.①数学—少儿读物
Ⅳ.①O1-49

中国国家版本馆 CIP 数据核字（2023）第 257645 号

奇妙数学之旅·误入奇幻森林

出版人 王君校
主编 王岚 孙敬彬 禹芳
责任编辑 徐林 谢鹏敏
封面设计 曼曼工作室
插图 天津元宇宙设计工作室
排版制作 北京名人时代文化传媒中心
出版 华语教学出版社
社址 北京西城区百万庄大街 24 号
邮政编码 100037
电话 （010）68995871
传真 （010）68326333
网址 www.sinolingua.com.cn
电子信箱 fxb@sinolingua.com.cn
印刷 河北鑫玉鸿程印刷有限公司
经销 全国新华书店
开本 16 开（710×1000）
字数 99（千） 9.25 印张
版次 2024 年 9 月第 1 版第 1 次印刷
标准书号 ISBN 978-7-5138-2530-6
定价 30.00 元

《奇妙数学之旅》编委会

写给孩子的话

学好数学对于学生而言有多方面的重要意义。数学学习是中小学生学生生活、成长过程中的一个重要组成部分。可能对很多人来说，学习数学最主要的动力是希望在中考时有一个好的数学成绩，从而考入重点高中，进而考上理想的大学，最终实现“知识改变命运”的目的。因此为了提高考试成绩的“应试教育”大行其道。数学无用、无趣，甚至被视为升学道路上“拦路虎”的恶名也就在一定范围、某种程度上产生了。

但社会上同样也广为认同数学对发展思维、提升解决问题的能力具有不可替代的作用，是科学、技术、工程、经济、日常生活等领域必不可少的工具。因此，无论是为了升学还是职业发展，学好数学都是一个明智的选择。但要真正实现学好数学这一目标，并不是一件很容易做到的事情。如果一个人对数学不感兴趣，甚至讨厌数学，自然就不会认识到学习数学的好处或价值，以致对数学学习产生负面情绪。适合儿童数学学习心理特点的学习资源的匮乏，在很大程度上是造成上述现象的根源。

为了改变这种情况，可以采取多种措施。《奇妙数学之旅》

这套书从儿童数学学习的心理特点出发，选取小精灵、巫婆、小动物等陪同小朋友一起学数学。通过讲故事的形式，让小朋友在轻松愉快的童话世界中，去理解数学知识，学会数学思考并尝试解决数学问题。在阅读与思考中提高学习数学的兴趣，不知不觉地体验到数学的有趣，轻松愉快地学数学，减少对数学的恐惧和焦虑，从而更加积极主动地学习数学。喜欢听童话故事，是儿童的天性。这套书将数学知识故事化，将数学概念和问题嵌入故事情境中，以此来增强学习的趣味性和实用性，激发小朋友的好奇心和想象力，使他们对数学产生兴趣。当孩子们对故事中的情节感兴趣时，也就愿意去了解和解决故事中的数学问题，进而将抽象的数学概念与自己的日常生活经验联系起来，甚至可以了解到数学是如何在现实世界中产生和应用的。

大中小学数学国家教材建设重点研究基地主任

北京师范大学数学科学学院二级教授

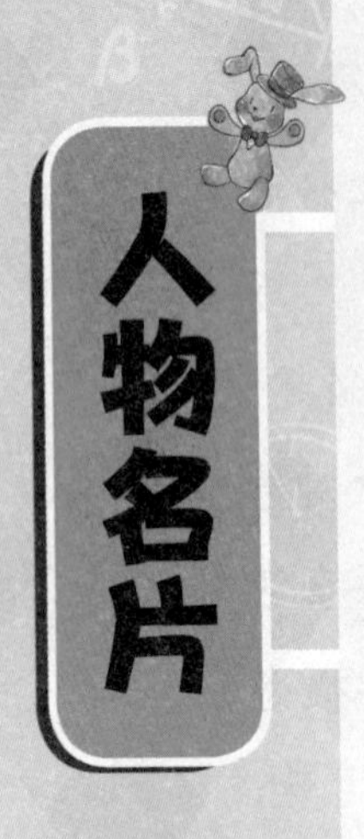

神奇学院的学生，圆圆的脑袋，大大的眼睛，聪明伶俐，在数学方面非常有天赋。在一个炎热的暑假，他经历了一场充满乐趣的奇幻之旅。

奇幻森林里的一只小松鼠，和小野猪奔奔是好朋友。聪明、细心、勤奋好学，对学习数学充满兴趣。

奇幻森林里的一只小野猪，和小松鼠皮皮是好朋友。他贪吃好睡，不过在和丁当、皮皮一起冒险的时候学会了很多数学知识，变得勤奋好学。

CONTENTS 

故事序言

丁当是个十岁的小男孩，因为在数学方面非常有天赋而被白马谷的神奇学院录取。经过不断学习，他的数学又进步了很多。升入三年级后，数学难度增大，虽然学习压力很大，但是他学到的东西更多了。

转眼间，一个学期结束了，期待已久的暑假到来啦！他迫不及待地想去奶奶家过暑假，这可是他央求了妈妈好久的。

奶奶家在郊区，离城市不远。奶奶家的小屋像遗落的一颗棋子，孤零零地坐落在一片茂密的树林深处，四周氤氲的云雾把小屋笼罩在一片神秘之中，仿佛在等待一个人的到来，然后开始一段神秘的冒险之旅。

树林深处的小屋，等来了谁呢？

清晨，小鸟清脆的叫声把丁当唤醒。他不想这么早起床，就躺在床上，看着窗外，听着小鸟时而婉转时而急促的叫声，小鸟像是在和谁说话。对呀，小鸟在和谁说话呢？丁当一骨碌从床上爬起来，向门外跑去。

“丁当，还没吃早饭呢！”奶奶一边喂鸡一边想叫住丁当。

“一会儿回来——吃！”丁当已经消失在森林里，但“吃”字，像是他故意扔出森林，让它在森林的上空飘荡，一直飘到奶奶的耳朵里。

阳光透过疏密相间的树枝，投射下一缕缕光线，露珠在草叶上伴着微风跳起了圆舞曲，清新的空气让生活在城市里的丁当有种不一样的感受。这里的空气是自由的，周围的事物是自由的，他的心也是自由的。想到这儿，丁当张开双臂，像鸟儿张开翅膀一样。

大树桩上静静地站着一只金色的蚂蚱。没错，是金色的！金色的阳光刚好照在蚂蚱的身上，蚂蚱的整个身体闪闪发光。

这也太奇怪了！

丁当一手举到额头边，挡住耀眼的光，一手拧了一下脸。哎呀，痛！这不是做梦，是真的。

丁当想一探究竟，他屏息凝神、蹑手蹑脚地向蚂蚱走去。近了，更近了，他伸手一抓，稳稳的。可打开手掌，空空如也，这也太奇怪了，明明瞄准了，也没见它跑呀！他抬头看，那只蚂蚱依然悠然自得地出现在他的眼前。

“我就不信逮不住你！”丁当屏住呼吸又扑了过去。

他们一前一后，一蹦一扑，一跑一追，就这样，丁当在蚂蚱的引导下，离熟悉的小路越来越远……

第一章

森林救火

——两位数乘两位数

“哈！终于逮到你了！”

丁当终于逮住了那只蚂蚱。他捏住蚂蚱的一对小脚，抬起头张望，

发现周围的景色很陌生，身边的大树、小草都笼罩着若有若无的淡金色光芒，就连五颜六色的鲜花也是。

“好美！”丁当忍不住赞叹。可这是哪里呀?

丁当想弄清楚自己身在何处，便把蚂蚱放进口袋，像猴子一样敏捷地爬上一棵很高很高的树，四下打量，远远地看见南边有炊烟升起。

“那是奶奶在做饭了吧。”这样一想，肚子立即“咕咕”地叫了起来。丁当哧溜一下从树上滑下来，快速朝有炊烟的方向跑去。

眼看离“炊烟”越来越近，但并没有看到奶奶家那熟悉的小屋，只见一个巨大的树洞里冒出火光。啊？原来是树洞里的烟呀！

着火啦！快跑！

咦？怎么还有这么多小动物在这里？丁当仔细一看，才知道他们在灭火：有的叼着水桶，有的拿着树叶，有的捧着土。

“我也得出点力！”丁当加入了灭火的队伍。

火终于被扑灭了，丁当累得躺在了草地上。

一只小松鼠靠近丁当，眼里满是感激："谢谢你的帮忙。你是谁?你怎么会来到我们奇幻森林?"

"啊?你竟然会说话!"丁当打了一个激灵，吓得一下子坐了起来。

"这里可是奇幻森林，奇幻森林里的居民是能够和人类交流的。不过，你到底是怎么进入奇幻森林的?"

丁当不可置信地张大了嘴巴，他把目光转向其他动物，动物们一个个都在点头。

奇幻森林，果然很奇幻呀，这可真是太酷了!丁当兴奋得差点儿蹦起来。

"嗨，大家好，我叫丁当，我跟着一只金色的蚂蚱到了这里，瞧——"丁当把手伸进口袋拿蚂蚱，可口袋里哪还有什么蚂蚱呀!

"蚂蚱不见了，这下完了，没有蚂蚱的指引，我回不去了。"丁当像霜打的茄子，耷拉着脑袋。

"别着急，我们会帮你的。"小松鼠说。

丁当疑惑地看着小松鼠。

"认识一下，我叫皮皮。"小松鼠皮皮伸出他的小爪子，丁当也伸出手，轻轻地和他握了一下，一段友谊就此开始。

"我叫彼得。"一只漂亮的小鹿蹦了过来。

"快快快，让开让开，灭火灭火!"一团黑色的身影呼啦啦地冲了过来，有些小动物避闪不及，直接被撞翻在地。

丁当仔细一看，原来是一只胖乎乎的小野猪，他长长的獠牙上挂着个水桶，獠牙虽然卡住了桶，可里面的水因为这一路狂奔已经所剩无几。

“火呢？火呢？……”小野猪火急火燎地四处张望。

“奔奔，火已经灭了。”被撞翻在地的兔子莉莉揉着被撞痛的脑袋说。

“已经灭啦？为什么不等等我？我还想当灭火的超级英雄呢！”没有了火，好像就没有了敌人，小野猪一屁股瘫坐在地上，满脸的遗憾。当他看见眼前有个陌生的小男孩时，眼睛里的火又被点亮了：“谁放的火？是不是你？是不是你放的火？你为什么要放火？”

“我……”丁当还没来得及解释，皮皮就跳到了小野猪脑袋上，轻轻敲了他一下说：“奔奔，不要冤枉好人，丁当是帮助我们救火的，他是我们的朋友！”说完他转身对丁当说：“你别介意，这是奔奔，他是个急脾气。”

这时，大象提醒大家：“现在最要紧的是赶快**看看我们损失了哪些东西**。”这句话提醒了大家，大家赶紧行动起来，各自去清点自己储存的食物。

“我的蘑菇**少了 10 堆，每堆 12 个**。反正是损失了很多，到底有多少，我也不知道呢。”小兔莉莉第一个报告。

离树洞最近的啄木鸟欢欢在烧黑的树皮上敲击着什么，不一会儿，他报出了一个数:“120 个，莉莉损失了 120 个蘑菇。”

“欢欢，你怎么计算的？”莉莉问。

啄木鸟在树皮上用嘴啄出了算式 12×9=108，108+12=120。原来他先算出 9 堆蘑菇的个数是 108 个，再加上 1 堆 12 个，得到 120 个。

“先算出 5 堆蘑菇 12×5=60，10 堆是两个 5 堆，再计算 60×2=120。”小鹿彼得也算出来了。

“我知道了，也可以这样算。”小兔莉莉说，“假设每堆是 10 个，10 堆就是 100，剩下的 10 个 2 是 20，用 100+20 就是 120 个。”她边说边用树枝在地上写下算式 10×10=100，2×10=20，100+20=120。

奔奔悄悄用嘴拱了拱好朋友皮皮，低声问:“**一道题怎么有这么多算法？他们算的都对吗？**”

“对。我也有一种方法，一堆蘑菇是 12×1=12，而 10 堆蘑菇就是 10 个 12，也就是 12×10=120，一共损失了 120 个，所以他们算的都没错。”皮皮用小爪子梳理了一下被火苗舔过的毛。

小松鼠皮皮虽然有点儿胆小，却挺聪明的，小野猪奔奔总是相信他。小野猪奔奔救火落后了，现在他不想再落后，于是赶紧说：“对对，就是120个，只要先算12×1得12，再在末尾添1个0，就是120。12个10是120！”奔奔说完，又蹦又跳，那神气的样子把大家都逗笑了。

“你们的方法都对，各有各的解题思路，你们看！”丁当用树枝在地上画了一个结构图，把三种方法进行了对比。

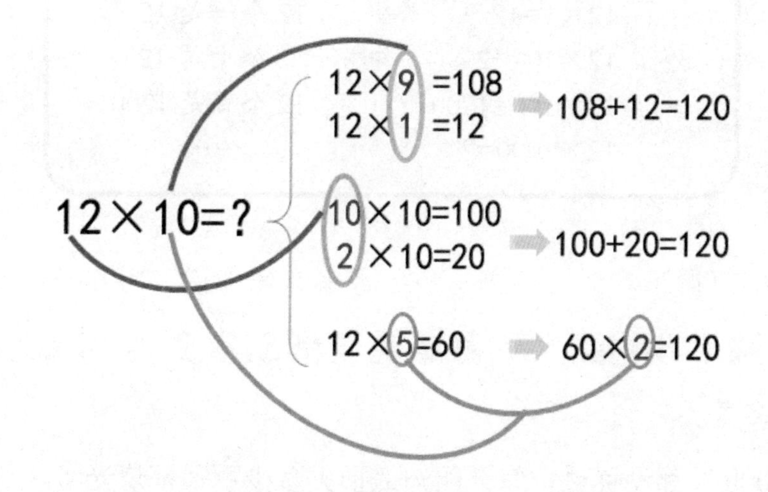

丁当说：“**你们的算法都是在转化——化难为易**！我们神奇学院也是这样教的。”

“哇，你是神奇学院的学生啊，我们都听说过那个神奇的地方，那里的学生数学都很厉害！”他们听见神奇学院的名字都睁大了眼，丁当觉得很自豪，为神奇学院，也为自己。

“不过——”丁当抬头看了一眼皮皮，皮皮有点儿紧张，难道自己的算法有问题？

“皮皮的办法更好。他是先算出来12×1=12，而10个12，自然就是 120 啦！”丁当表扬了皮皮，可皮皮却不好意思地笑了。

“如果要算 12×100，是不是要把 1 想成 1 个百，那么 12 乘上 1 个百就是 12 个百，也就是 1200 啦。我这样算没错吧？我真是奇幻森林里最聪明的小野猪！”奔奔也想要得到表扬。

皮皮和奔奔相视一笑，齐声说：“12×1000，如果你不会算，也不用着急……”

12×1=12	12 个一是 12
12×10=120	12 个十是 120
12×100=1200	12 个百是 1200
12×1000=?	……

他们算得正欢时，小斑马冬冬跑来焦急地说：“我的干草损失严重，**被烧了 60 捆**，虽然**每捆重量都差不多**，可没称过，不知道每捆多重。”

“60 捆？都没称过，怎么能知道损失多少啊？都烧光了。”奔奔嘟哝着。

“没有烧光，抢出来 5 捆，这 5 捆的重量分别是：28 千克、29 千克、31 千克、31 千克和 33 千克。”斑马冬冬沮丧地说。

“我知道大概损失多少了！”丁当胸有成竹。

“你怎么知道？烧掉的 60 捆没法称。”小野猪奔奔问道，其他的小动物跟着点头。

“**我是没法称，但我可以估算呀**。”丁当说。

“那 60 捆已经烧掉了，怎么算呀？”皮皮也好奇起来。

“抢救出来的这 5 捆干草的重量，有的比 30 千克多一些，有的比 30 千克少一些，但每一捆的重量差不多，都在 30 千克左右。按照每捆大约 30 千克计算……”丁当一边说一边用小木棍在地上写着算式，“损失了 60 捆，可以用 60×30 算，6×3=18，添两个 0，就是 1800，大约损失了 1800 千克干草。”

28千克 29千克 31千克 31千克 33千克

估算 大约

30千克 30千克 30千克 30千克 30千克

哦！原来是这样估算呀，大家一下子就明白了。

这时狒狒卡卡也清点完了，他带着哭腔说：“我的香蕉损失了 24 把，每把足足有 12 个呢。”

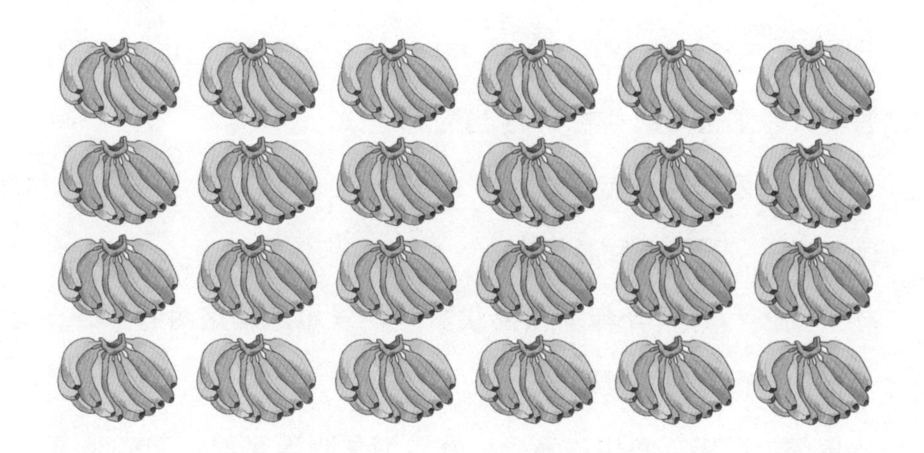

这个要怎么算呢？大家都低着头默默地算，奔奔着急地推了推皮皮，小声问：“卡卡一共损失了多少个香蕉？”

“这个……我也不会，我只会算 24×2。两位数乘两位数我不会，小

兔莉莉那个蘑菇刚好是 10，我才会算的。”皮皮不好意思地低下了头。

“皮皮你已经很棒啦，你会算 24×2，也会算 24×10，你再想想，你离答案只差那么一点点啦。”丁当鼓励他说。

丁当想起欧阳院长就是这么一点一点引导他们的。现在他也像个小老师一样，引导和鼓励着皮皮。

松鼠皮皮和野猪奔奔都很喜欢数学，爱思考，这两者加在一起，就表示他们是很有数学天赋的。

皮皮闭上眼睛，集中注意力，在脑海里想着算着，突然他睁开眼睛说：“我知道了，**可以把 12 拆分成 10+2**，先算 24×2=48，再算 24×10=240，最后用 240+48=288！”

“哇！皮皮你真棒！”奔奔满脸崇拜地看着他。

丁当高兴地点了点头，他拿起一根树枝，在地上边写边说："皮皮的办法很好。在我们神奇学院，我们会用竖式计算。不过皮皮的方法刚好解释了我列竖式计算的过程。你们来看。"

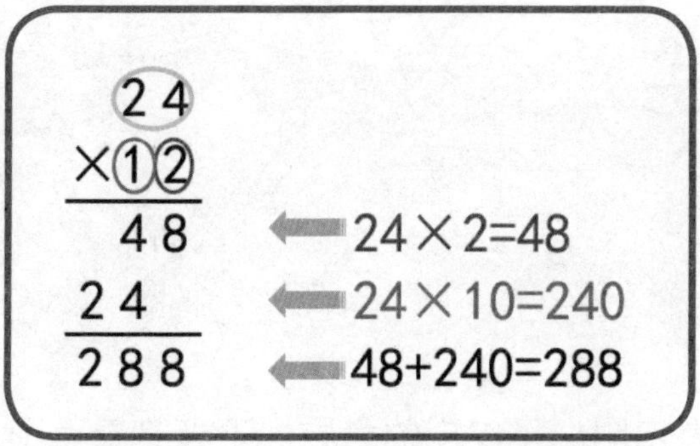

```
   2 4
 × 1 2
 ─────
   4 8      ⟸ 24×2=48
 2 4        ⟸ 24×10=240
 ─────
 2 8 8      ⟸ 48+240=288
```

"哈哈，你漏写了 240 的 0 啦！" 奔奔第一个围过来看。

丁当听了，犹豫了一下，最后还是加上 0，嘴巴却说："你说的是这里的 0 吗？你们都觉得要加 0 吗？"

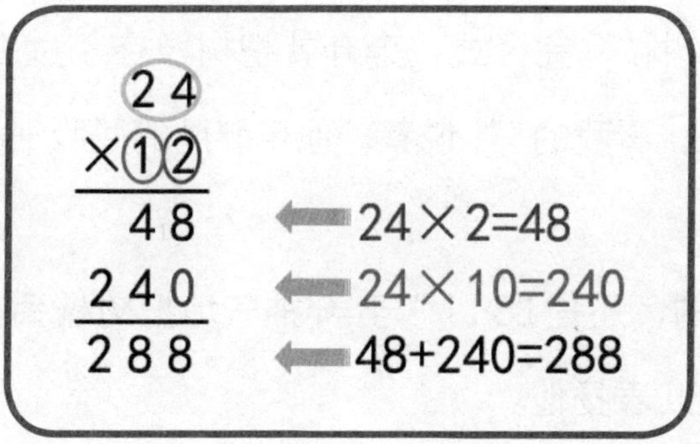

```
   2 4
 × 1 2
 ─────
   4 8      ⟸ 24×2=48
 2 4 0      ⟸ 24×10=240
 ─────
 2 8 8      ⟸ 48+240=288
```

丁当一问，把大家都问沉默了。

松鼠皮皮慢条斯理地说："**这个 0 是可以省略的**。2、4 所在的数位，分别是百位和十位，这里的 24 其实表示的是 24 个 10，也就是 240。"

“哦……”大家明白了皮皮的意思。丁当笑着点了点头，轻轻地把这个 0 擦去了。

“可怎么知道这样算的结果就是正确的呢？”奔奔鲁莽的外表下竟然还藏着一颗细腻的心。

“有一个办法可以解决，**我们交换两个乘数的位置来验算**。”丁当刚用树枝写完竖式，奔奔就把树枝夺了过去：“原来是这样啊。让我来试试，看我的！”说着，他用胖胖的屁股一扭，就把丁当挤到了一边。

“哈，是对的，还是 288！”奔奔神气地把树枝丢在一边，昂着大脑袋等待着大伙儿表扬他。

丁当摸了摸他的大脑袋说：“奔奔也很厉害，学得很快，希望你再接再厉，成为奇幻森林里算数最厉害的小野猪。”

听了丁当的话，奔奔比了一个胜利的手势，咧开嘴得意地说：“耶！小野猪奔奔就是最棒的！”大家都被他可爱滑稽的样子逗得哈哈大笑。

丁当笑着总结道:“大家看，两位数乘两位数，可以用交换两个乘数的位置，再算一遍的方法**进行验算**。”

就在这时，一阵哭声传来，一只小猪趴在地上哭诉:“怎么办，怎么办，我这么多苹果都没了，我不知道一共损失了多少。”

原来是小猪奇奇，这次他损失惨重。之前，奇奇刚把最喜爱的苹果装袋，每5个装**一袋**，每6袋装**一筐**，装好了就搬进仓库储存着，现在一下没了4筐，可真是让人心疼啊。

“奇奇别哭，我们来帮你算算少了多少苹果，好不好？”小兔莉莉走到小猪奇奇身边安慰他。

哎呀，又是袋，又是筐，这也太复杂了，脑瓜儿根本不够用，小动物们不知道该怎么算了。

丁当一边思考着一边把小猪刚才讲的数字写了下来。欧阳院长曾经教过他，数学也需要做笔记，特别是涉及多个数字的时候。

他看着地上记下的关键字，渐渐有了思路：“我们欧阳院长曾经说过，再复杂的数学题也能**拆解成简单的、学过的知识**来逐步

发现口算的突破口

很多情况下，两位数乘两位数的口算会比较难。但我们仔细观察就会发现，有不少运算是可以利用技巧进行口算的。例如45×36，乍一看这个算式进行口算不太容易，可仔细观察后会发现，45=5×9，36=4×9，因此45×36可以变形为（5×9）×（4×9）。乘法中，交换因数的位置，积不变，所以（5×9）×（4×9）=（5×4）×（9×9），计算可得20×81，通过口算，答案就出来了。这道题的关键就是找到整十数，也就找到了这道题口算的突破口。

进行化解，只要有耐心，就像解绳结一样，一步一步去解，总是可以解开的。我们可以**先算出一筐苹果有多少个**。一袋有 5 个，一筐装 6 袋，那么一筐的苹果个数是 5×6=30（个），接下来我们再算 4 筐的个数，也就是 30×4=120（个）。”

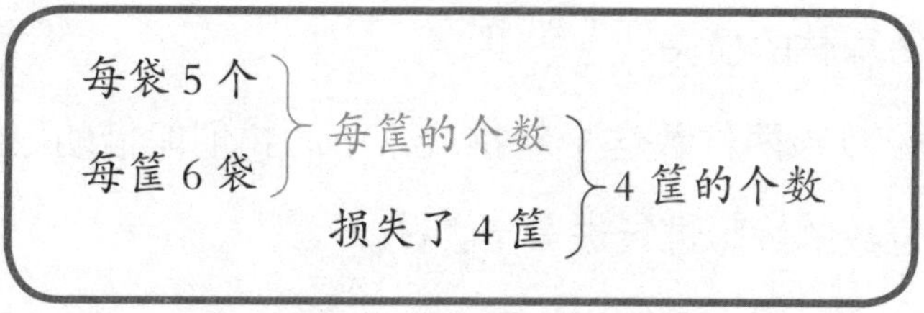

每袋 5 个
每筐 6 袋
} 每筐的个数
损失了 4 筐
} 4 筐的个数

松鼠皮皮盯着地上的数字，认真听丁当讲思路。丁当一讲完，他脑子里就冒出一个想法。他拿起树枝说：“我们也可以这样算，先算出 4 筐一共有多少袋，也就是 4×6=24（袋），而每一袋有 5 个，所以 24 袋就是 24×5=120（个）。”

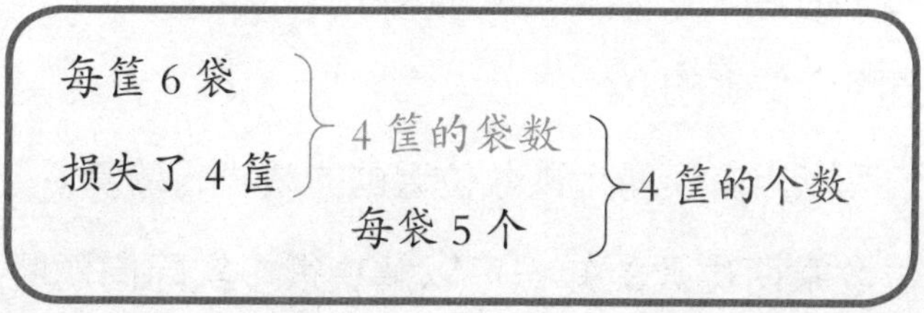

每筐 6 袋
损失了 4 筐
} 4 筐的袋数
每袋 5 个
} 4 筐的个数

奔奔忍不住为好朋友鼓掌，大家也为皮皮鼓起掌来。丁当觉得皮皮善于观察，喜欢思考，能够触类旁通，这不就是欧阳院长说的举一反三吗？

数学小博士

误入奇幻森林的丁当帮助小动物们扑灭了大火，还带领小动物们一起计算出了森林的损失。

面对两位数乘两位数这个新挑战，小动物们能借助已经学习过的两位数乘一位数的经验进行进一步尝试。

口算 12×10 时，可以计算 12×9 再加 1 个 12，也可以计算 12×5 再乘 2；最简单的方法是先计算 12×1=12，再推算出 12 个 10 是 120，12×10=120。

笔算 24×12 时，可以先用 12 的个位上的 2 去乘 24，再用 12 的十位上的 1 去乘 24，最后把两次相乘的积相加。

在这里有个有趣的小知识点，就是在列竖式时，十位乘另一个乘数的积可以省略个位上的 0。

最后我们可以用交换两个乘数位置的方法进行验算。

运用两位数乘两位数的知识可以解决很多实际问题呢。和小动物们一起学数学，是不是很有趣？你学会了吗？到生活中寻找两位数乘两位数的实际问题，并尝试解决吧！

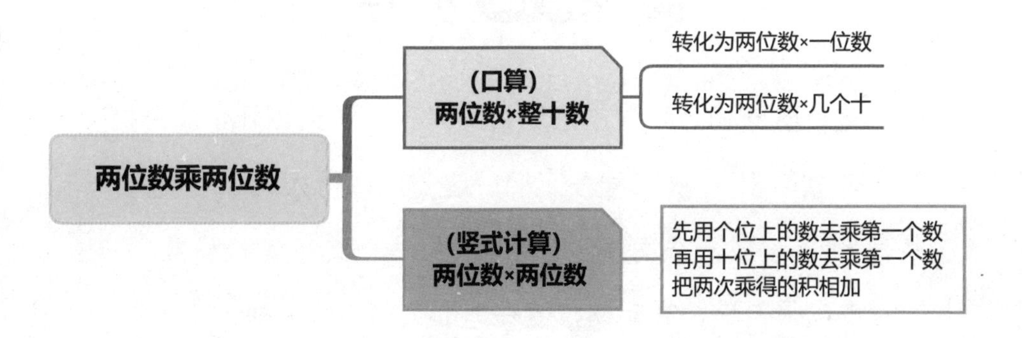
两位数乘两位数
(口算)
两位数×整十数
转化为两位数×一位数
转化为两位数×几个十
(竖式计算)
两位数×两位数
先用个位上的数去乘第一个数
再用十位上的数去乘第一个数
把两次乘得的积相加

看到皮皮和奔奔对乘法这么感兴趣，丁当翻开了随身携带的一本故事书：“我来考考你们！这一页每行大约23个字，一共有13行。这一页有多少个字呢？”

皮皮很自信，拿起树枝就在地上列出一个算式：23×13。

“你们会用竖式计算吗？”丁当饶有兴趣地看着他们。经过之前的学习，奔奔抢过皮皮手中的树枝三下五除二就写出了竖式。“太厉害了，完全正确！”丁当由衷地发出赞叹。

看到皮皮抱着的一大筐松果，丁当又有了一个新主意——他用松果摆出了一个23×13的点子图。丁当在竖式中圈出了2，“虚线框里的这个2，在点子图中是哪一部分呢？”皮皮和奔奔抓耳挠腮，想了好一会儿，也没有主意。你能帮帮他们吗？在点子图上圈一圈吧！

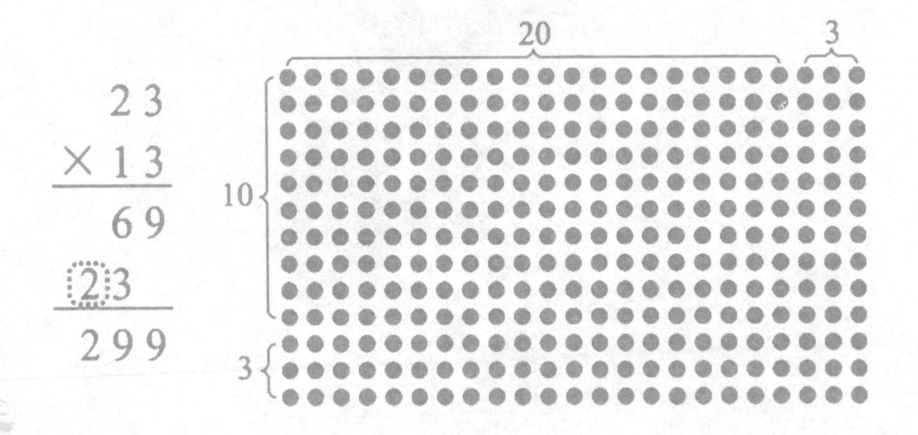

竖式中的 2 表示的是 13 十位上的 1 和 23 十位上的 2 相乘，也就是 10×20。在点子图上圈出来，就是下面红色框表示的区域。你答对了吗？

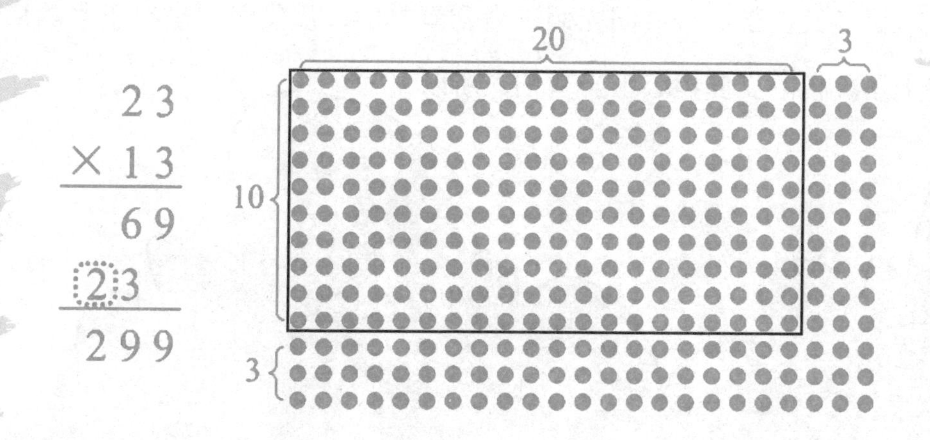

第二章

寻找魔杖

——千米和吨

第二天，当第一缕阳光照进奇幻森林时，皮皮已经坐在丁当的肩膀上了。松鼠皮皮担心丁当害怕，所以

一直陪着他。可丁当害怕不是因为住在奇幻森林里，而是担心奶奶，奶奶还在家里等着他吃饭呢。

可现在怎么回奶奶家呢？奇幻森林里的小动物们谁也不知道。没办法，只能找族长了。

在去找族长的路上，丁当遇到了更多的动物：麋鹿、浣熊、田鼠……一位人类小朋友勇敢救火、帮忙计算粮仓损失的故事已经在一夜之间传遍了整个奇幻森林，所以当小动物们看到丁当时，就像看到英雄一样，纷纷跟他打招呼。

这时后面传来一阵呼喊声："等一等，等一等……"

还没等丁当回头，声音的主人就从后面猛地直冲过来，一个没刹住，"嘭"的一声与丁当、皮皮撞成了一团，丁当被撞得眼冒金星。

"哎呀，奔奔，你怎么总是这么横冲直撞的？"皮皮抱怨着。

"谁……谁让你们不等我的。"奔奔晃晃悠悠地站起来，胖胖的前爪伸向两颗獠牙，"还好，我的宝贝牙齿还在。"

"你们要去哪里？为什么不带上我？"奔奔有些生气了。他喜欢丁当这个新朋友，而新朋友竟然不辞而别，这让他怎么能不生气呢？

"我们要去见族长。丁当回不了家，我们去找族长想想办法。"皮皮解释着。

"族长？你们不知道吗？族长生病了。"奔奔说。

一听到族长病了，皮皮不仅没有停下脚步，反而加快了速度："快走，我们去看看怎么回事。"

奇幻森林的族长是一只猫头鹰，名叫莫里，此刻他正虚弱地躺在床上。他缓缓地给大家讲自己生病的来龙去脉。

在奇幻森林的旁边还有一片森林，名叫**黑暗森林**。与奇幻森林的生机勃勃不同，黑暗森林里充满着黑暗的能量，里面处处弥漫着恐怖气息。最可怕的还是黑暗使者，他魔法高强，无恶不作，不仅在黑暗森林里作威作福，还经常来奇幻森林捣乱。

黑暗使者一直觊觎奇幻森林与人类世界之间的**魔法之门**。丁当就是在族长与黑暗使者争夺魔法之门时，无意中跟着金色蚂蚱闯入奇幻森林的。在争斗中，族长被打伤，黑暗使者抢走了魔法之门。

"黑暗使者为什么要抢夺魔法之门？"皮皮问。

“让人类与有着真、善、美力量的奇幻森林彻底隔绝，让自私、贪婪和丑恶控制人类的思想。”猫头鹰族长缓慢又微弱地回答道。

“天哪，太可怕了，这可绝对不行呀！”丁当惊呆了。

“我们的预言师曾告诉我：这场劫难无法避免，但有一个正直、善良、聪明的人类孩子能挽救这一切。丁当，我想预言师所说的孩子就是你！”看着丁当，族长的眼里迸发出一丝光亮。

“我？我只是个小学生，当然，我还是个冒险家，可是我没有魔法，甚至都不能回家，怎么帮助你们呢？”丁当很惊讶。

“如果你想回家，那一定要先战胜黑暗使者，夺回魔法之门才可以。我这里有一张魔法地图，它会告诉你通往黑暗森林的路线，不过你要先找到我的魔杖，我把它放在了棕熊之家……”猫头鹰族长的声音越来越虚弱。

“丁当，你一定行的！你聪明又勇敢，我会陪着你的。”皮皮在一旁鼓劲。

“还有我，可爱、聪明又勇敢的奔奔。我吃得多，力气大，关键时刻一个顶仨！”奔奔黝黑的身体挤了过来，一席话把大家逗乐了。丁当紧张的心情放松了不少。

为了回家，也为了帮助奇幻森林的小动物们，丁当决定接过这个艰巨的任务，找回魔法之门。

“棕熊之家在哪儿啊？”丁当问。

“不知道，他经常搬家，居无定所。”奔奔耸耸肩膀说。

“棕熊虽然常搬家，但他总会给想找他的人留下一些隐秘的线索，我们找到这些线索，就一定能找到他。”皮皮边说边在路边的草丛里、树叶下仔细查看。

“可我从来就没找到过！”奔奔抗议。

“那是因为你太急躁了。”皮皮指出问题的关键。

“哼！”奔奔不服气，他大大的嘴巴往上一噘，尖尖的獠牙戳到了一片树叶。丁当突然眼前一亮，他发现奔奔碰到的那片叶子背面有点儿不一样，好像写了什么字。

“奔奔，别动，我看看！”丁当小心翼翼地把奔奔獠牙上的那片叶子取了下来。

“**此处距离棕熊之家1千米**，请朝前直走。”树叶竟然是一个路标，这个主意太棒了，棕熊真是与众不同呀。

奔奔兴奋极了：“哇哦，是我，是我找到的！”

丁当盯着树叶标识想：1 千米？1 千米有多远？不管了，先跟着指示走吧，也许前边还会有新发现。

他们走了一会儿，皮皮在草丛中发现了第二片树叶标识：此处距离棕熊之家 **900 米**，请朝前直走。

奔奔在一个树桩下找到了第三片树叶标识：此处距离棕熊之家 **800 米**，请朝前直走。

就这样，“距离 700 米”“距离 600 米”“距离 500 米”“距离 400 米”“距离 300 米”“距离 200 米”“距离 100 米”，走完最后一个 100 米，他们来到一间木屋前。

“我知道了！”丁当转身对着两个好朋友说，“**1 千米里有 10 个 100 米**，难怪我们走那么久，1 千米可真长！”

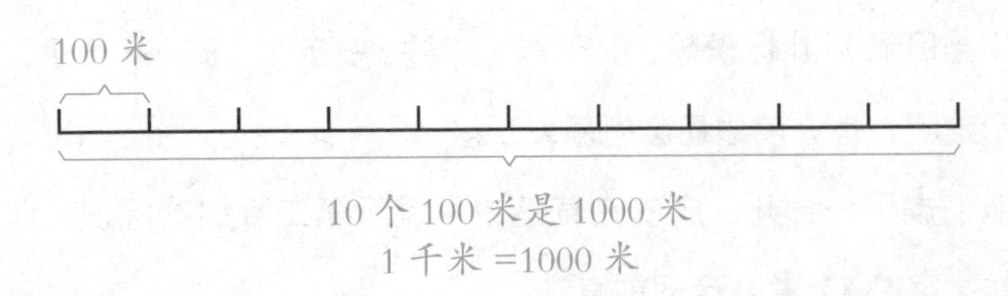

丁当轻轻叩了叩门，木屋的大门缓缓打开。伴随着沉重的脚步声，魁梧的棕熊先生走出了木屋。

“打扰您了，棕熊先生，族长让我们来取魔杖。”丁当很有礼貌地说。皮皮趴在奔奔的脑袋上，有些紧张地看着身躯庞大的棕熊，小爪子越来越紧地揪着奔奔的耳朵。

“你就是族长选中的那个人类孩子？能找到我的家，说明你很细心，善于观察，不过要拿走魔杖，你还得先回答我一个问题。”

“您请说。”

“我的孩子朋朋经常和大象多利一起

玩，最近他们找到一个新玩具——跷跷板，每次多利都把朋朋翘得高高的，可朋朋却没办法把多利翘起来，这样游戏就没办法进行了……”

“那是多利比朋朋重多了，这个问题太简单了，连我都会。”奔奔忍不住插嘴。

“是啊，多利重 1 吨呢，朋朋才 200 千克。”棕熊先生无奈地说。

“1 吨 =1000 千克，这样，差不多要 5 个朋朋一起才能和多利玩跷跷板呢。”丁当简单算了一下。

“哇，照这样说，我 100 千克，10 个 100 千克 =1 吨，我要和多利玩的话，得 10 个我才够啊。我就说自己不胖嘛，下次还得多吃点。”

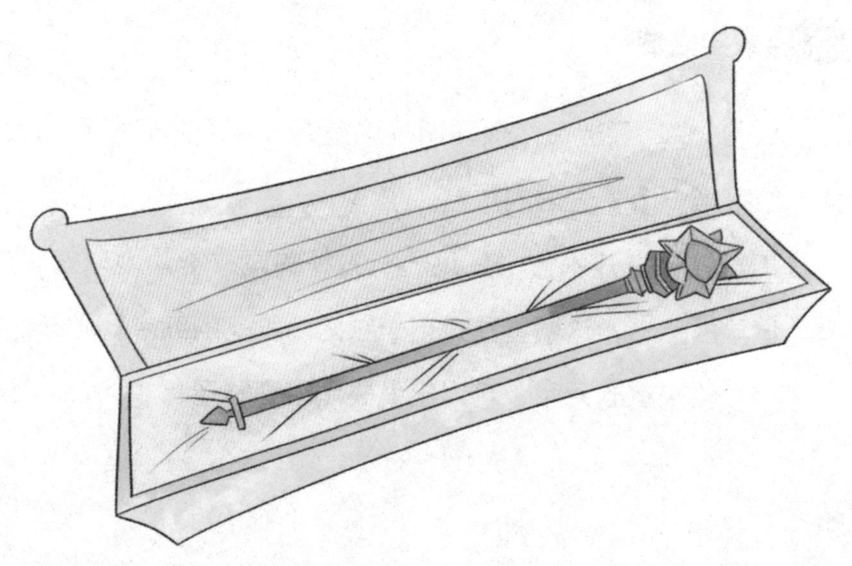

奔奔低头拍了拍自己圆鼓鼓的肚子又转身问丁当，“丁当，你多重？”

“我重 25 千克，得 40 个和我差不多重的小伙伴一起才能和多利玩跷跷板，那几乎得我们一个班的同学了，呵呵……”想想那画面，丁当忍不住笑了起来。

上哪里找那么多小熊呢，一想这事棕熊先生就头痛。

“有了！”丁当激动地抱住奔奔说。

奔奔以为丁当要自己上，吓得直摇头：“我不行的，我还没朋朋重呢。”

“我们是没这么多小熊，但是可以找东西代替呀。”丁当说。

“代替朋朋？”棕熊听了还是一头雾水。

“是找几个假朋朋代替吗？”奔奔兴奋又好奇。

“准备四个大麻袋，每个麻袋装 **200 千克沙子**，朋朋加上四袋沙子，这样就可以和多利玩跷跷板了。”丁当解释说。

丁当他们和棕熊先生一起找了四个麻袋，装上沙子，再把沙袋搬上跷跷板，朋朋和多利终于可以开心地玩跷跷板了。棕熊先生露出了开心的笑容。

“谢谢你，丁当，你很聪明！这是魔杖，希望它能帮助到你。”棕熊递给丁当一个长方形的木盒。

丁当轻轻打开木盒，只见一根古朴的魔杖静静地躺在里面，顶端是个星星的标志，这颗星星是用一颗闪闪发亮的红宝石做成的。

魔杖终于拿到手了，可以出发去黑暗森林了！

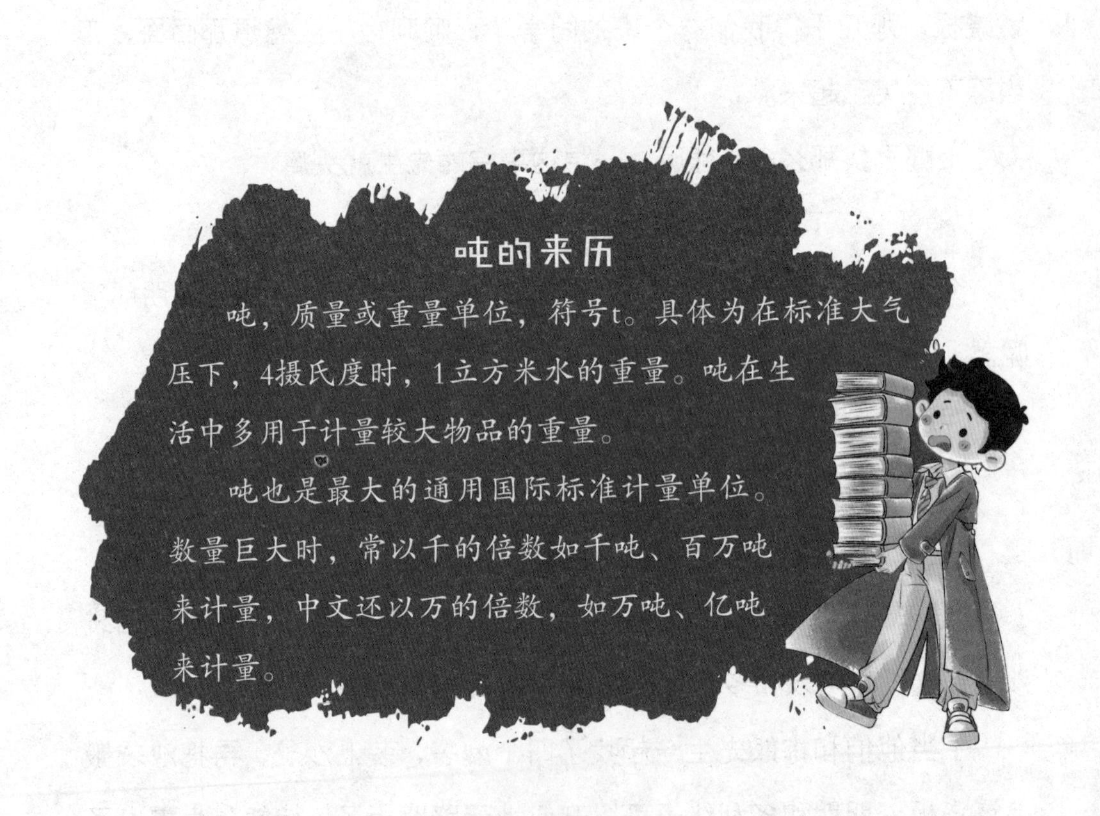

吨的来历

吨，质量或重量单位，符号t。具体为在标准大气压下，4摄氏度时，1立方米水的重量。吨在生活中多用于计量较大物品的重量。

吨也是最大的通用国际标准计量单位。数量巨大时，常以千的倍数如千吨、百万吨来计量，中文还以万的倍数，如万吨、亿吨来计量。

数学小博士

在寻找魔杖的过程中，丁当和小伙伴们发现：10 个 100 米就是 1 千米，所以 1 千米 =1000 米，学校 400 米一圈的跑道，两圈半是 1 千米。10 个 100 千克就是 1 吨，所以 1 吨 =1000 千克，40 个体重 25 千克的小朋友合在一起重量是 1 吨。

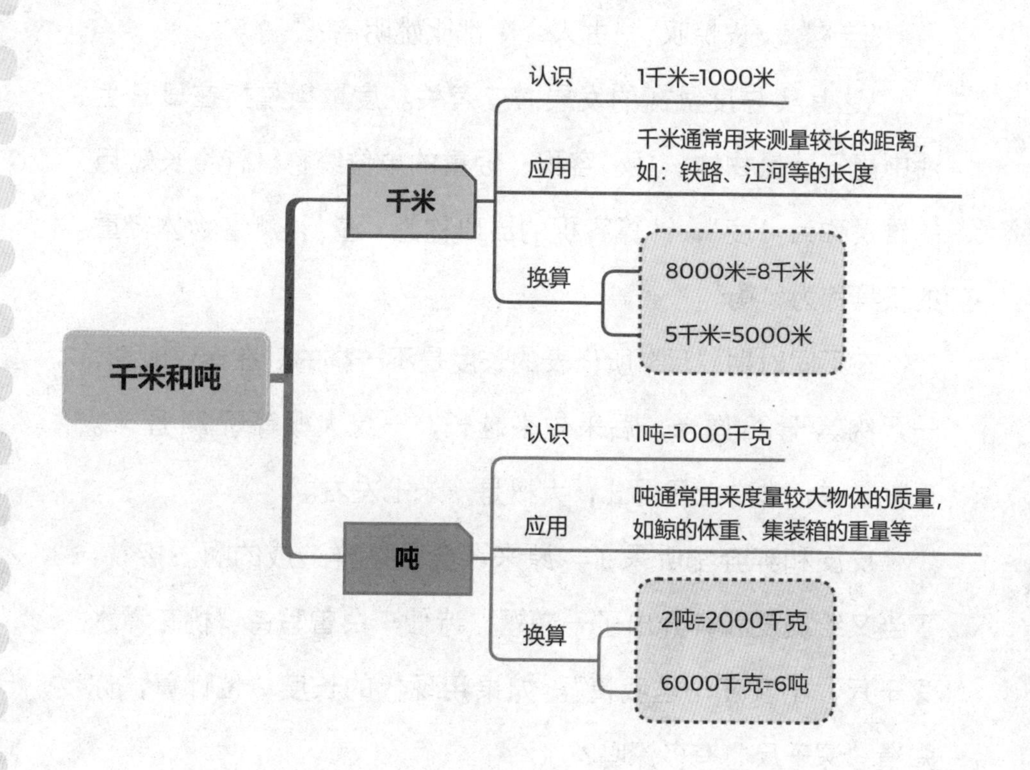

看着兴奋得直蹦跶的奔奔和皮皮，丁当又给他们科普了一个新知识："你们知道吗，古人说'堂堂七尺男儿'，要是用现在的尺子量一下，七尺可太高了，连姚明都不达标。"

"姚明是谁？"皮皮很好奇。

"姚明是我国的篮球运动员，身高226厘米呢。"

"哇！"皮皮惊叹，"古人个个都比姚明高？"

"这其实与度量衡的发展演变有关。度量衡是指在日常生活中用于计量物体长短、容积、轻重的单位统称。计量长短用的器具称为'度'，计算容积的器皿称为'量'，测量物体轻重的工具称为'衡'。

在不同时期"尺"所代表的长度是不一样的。在秦汉时期，一尺约等于23厘米，后来越来越长，一尺大概等于24厘米。也就是说，堂堂七尺男儿，大概是一米七左右。"

皮皮和奔奔都听呆了，原来误会是这样造成的啊。接着，丁当又给皮皮和奔奔出了一道题：诗仙李白曾写诗"桃花潭水深千尺，不及汪伦送我情"。如果用现代的长度单位计算，你知道"深千尺"有多深吗？

现代 1 尺=33.3 厘米

千尺：33.3×1000=33300 厘米=333 米

第三章 03

魔法地图的秘密

——解决问题的策略

丁当和松鼠皮皮、野猪奔奔拿到魔杖后，准备去黑暗森林拿回被黑暗使者夺走的魔法之门。

“黑暗森林怎么走，我们查看一下地图吧。”三个小伙伴打开族长交给他们的魔法地图。

没看到地图之前，丁当一直在猜想，森林的地图肯定和城市的地图大不一样，城市地图布满了道路和高楼，森林地图是不是布满了高山和树木呢？

魔法地图是土黄色的，边上还有一些破损的缺口。他们缓慢而小心地打开地图，期待着一张详细的路线图呈现在眼前。

“怎么回事？”丁当揉了揉眼睛，再看，再揉，再看，他一连揉了三次眼睛，但看到的都一样——地图上一片空白，什么都没有！

“怎么回事？这根本就不是地图，而是一张平平无奇的白纸。不，是块土黄布！”奔奔叫起来。

“会不会是族长搞错了？”皮皮说。

“这么重要的东西，族长不可能搞错的。”丁当从口袋里拿出放大镜把地图翻来覆去地检查，又举高了对着阳光看，还是没有看到任何文字或者图形。

“难道真是搞错了？”丁当也开始怀疑起来。

“看起来是的，啊——”皮皮站在丁当肩头，一不留神向后滚了下去，和一只鼹鼠撞在了一起。

“贝贝！”奔奔一眼就认出鼹鼠贝贝，“你怎么在这里？”

“我正要去商店买蜂蜜和坚果，一路怎么算都算不清楚买完之后**最多能剩多少魔币**，我算得太出神就没看到你们，对不起。”贝贝一边捡起被撞掉的篮子一边解释说。

“是我不小心。”皮皮抖掉大尾巴上沾着的树叶说，“不过，你在算什么？也许我们能帮你。”

“商店里面有两种蜂蜜，桂花蜜要 130 魔币，玫瑰蜜要 148 魔币。花生要 85 魔币，榛子要 108 魔币。我一共带了 300 魔币，买一罐蜂蜜、一包坚果，最多能剩下多少魔币？我算好久了也没算清楚。”

“我知道！”奔奔叫起来。大家看着奔奔，期待他继续往下讲，他却一转头对着丁当说：“呃——丁当，你说，你是客人，我把这个机会让给你。”

“哈哈哈……”大家看着奔奔笑了。

“贝贝的问题是：**要让剩下的魔币最多**，奔奔你怎么想，买什么样的蜂蜜和坚果能剩下更多的魔币？”

“当然是挑价格最低的买，选桂花蜜和花生，那剩下的魔币就最多。”

“没错，贝贝带的魔币 - 用去的魔币 = 剩下的魔币。”皮皮补充道，“带的魔币已经知道了，用去的魔币还不知道，所以先算出用去的魔币，再算剩下的魔币。”

经过皮皮的分析，贝贝的思路清晰起来：“挑最便宜的货，就是桂花蜜 + 花生，130+85=215（魔币），300-215=85（魔币），用去 215 魔币，我最多能剩 85 魔币。”

丁当笑着说：“这就是从问题想起，**找出数量之间的关系**，确定先算什么，再算什么。欧阳院长曾经教我们，数学没有什么难的，只要耐心地逐步解答，什么困难的、复杂的题目都可以转化成我们学过的知识。”

“谢谢你，这下我知道如何购买了。”贝贝挎着那只大篮子，准备和他们告别。

奔奔拦住贝贝：“篮子这么大，你这么小，我们帮你。”说完，他转头看向另外两个伙伴，征询他们的意见。

“没错，我们可以帮你！”

“太感谢你们了！”

丁当三人陪贝贝买完蜂蜜和坚果，并送他回到了家，贝贝感激地说：“今天幸亏有你们帮忙，我请你们吃点心。”

“不用了，我们还有事……”

可是不等丁当说完，贝贝就边喊边向花园跑去：“就一会儿，你们等等。爸爸，爸爸，来客人啦！”

“等，等一下！”一个声音从花圃中传出，鼹鼠先生此刻正埋头在花园数他的玫瑰花。

“爸爸，您还没数完吗？”

“这是非常稀有的玫瑰花品种，当初族长给了我48枝红玫瑰，告诉我**白玫瑰的枝数是红玫瑰的3倍**，可花圃里一共有多少枝玫瑰，我数了好几遍，结果都不一样。”

“您是要知道一共有多少枝玫瑰花吗，鼹鼠先生？”皮皮跑上前说，“不用数，我们可以帮您。”

“我们先来画个线段图吧。”丁当说。

“线段图，什么是线段图？”奔奔不太明白。

“就像这样。”丁当边说边在花圃旁边的空地上画起来。

“白玫瑰的枝数是红玫瑰的3倍该怎么画？”丁当想考考小伙伴。

“我知道！”皮皮接过树枝画起来。

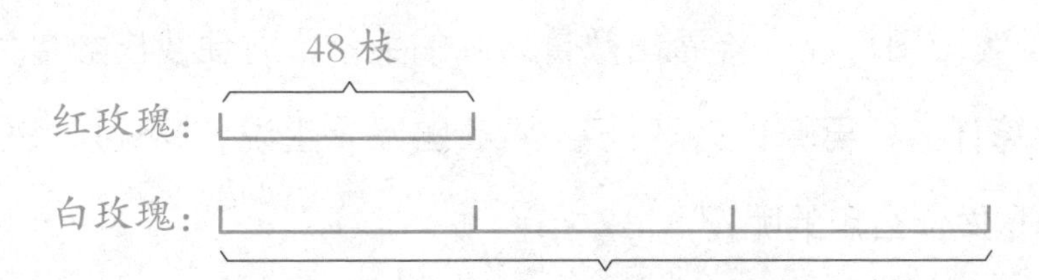

“哇，真简洁，这样一下就能看出红玫瑰有 48 枝，白玫瑰的枝数是红玫瑰的 3 倍，这就画好了吗？” 贝贝很惊奇。

“当然没有，我们还需要表示问题：一共多少枝？”丁当又添了几笔。

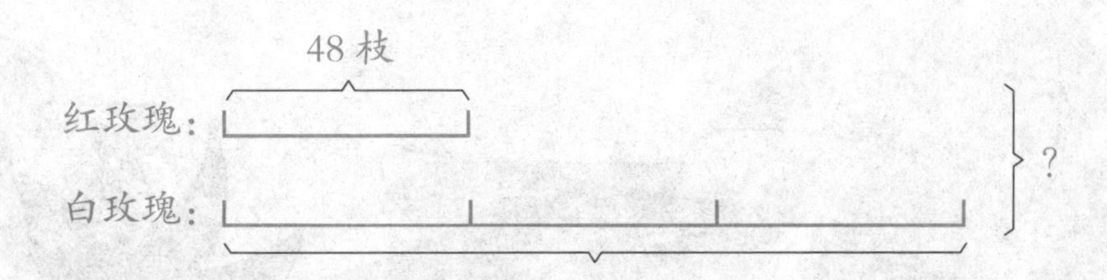

鼹鼠先生对着线段图频频点头：“这样根据问题就能想到数量关系：红玫瑰的枝数 + 白玫瑰的枝数 = 总枝数。”

“没错，红玫瑰的枝数已经知道，白玫瑰还不知道，可以先求白玫瑰的枝数，再求一共的枝数。”丁当在旁边写下算式：48×3=144（枝），144+48=192（枝）。

“**线段图果然是个好工具**！” 奔奔兴奋地说。问题一多，他的脑子就乱成麻，这个线段图，好像梳子一样，把他脑子里的乱麻给梳顺了。

“看着线段图，我们还能看出白玫瑰比红玫瑰多多少枝。” 丁当继续说，“同样先求出白玫瑰的枝数，再用白玫瑰的枝数 – 红玫瑰的枝数 = 白玫瑰比红玫瑰多的枝数，列式表示：48×3=144（枝），144–48=96（枝）。”

“画线段图可以直接看出数量之间的关系，方便找出数量关系式，确定先算什么，再算什么。”丁当看着鼹鼠先生说，“不过，您种这么多玫瑰是做什么用的呢？”

“我把花瓣做成玫瑰花汁，像这样捣碎……”鼹鼠先生边说边把花瓣放进一个罐子里，开始用力捣。

大家都凑上前看，奔奔胖胖的身体落在了后面，

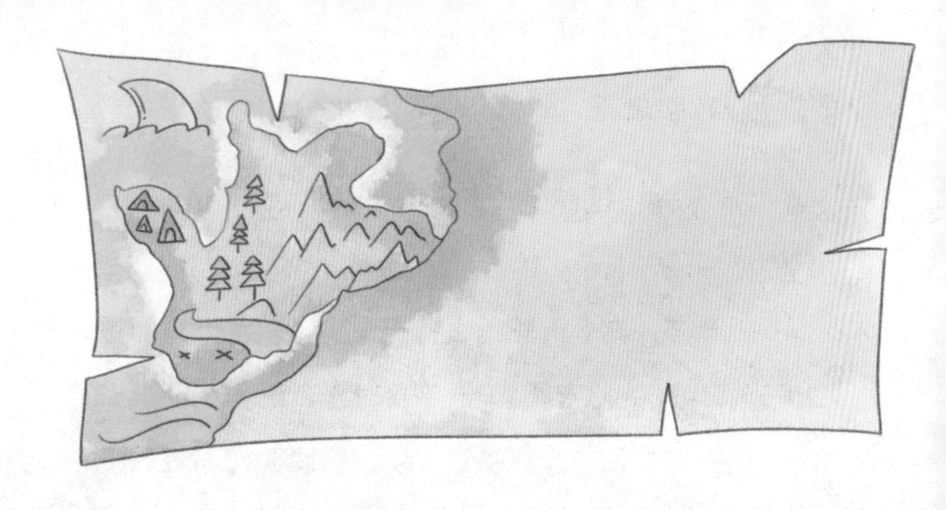

他使劲往前挪了挪身子，一不小心把大家都挤倒在地，鼹鼠先生手里的罐子也被挤飞出去，玫瑰花汁洒在了旁边的魔法地图上。

“快，快擦干！”大家手忙脚乱地抢救地图。

这时奇妙的事情发生了，之前空白的地图，在洒上玫瑰花汁后开始出现山路、树林、河流和文字……

原来魔法地图是用隐形药水画的，而玫瑰花汁正是破解这种隐形药水的办法。

“奔奔，你今天真是歪打正着了，多亏你撞翻了玫瑰花汁，我们才发现了地图的秘密。”丁当笑着对奔奔说。

“那当然，丁当最勇敢，皮皮很聪明，而我是超热心的幸运星！我们是智勇双全的正义组合！”奔奔开心得小尾巴都打了一个卷儿。

“哈哈哈……”欢快的笑声从鼹鼠先生的花园里传出来。

生活中的十二进制

“买铅笔，买铅笔，买的铅笔装盒里。一盒不是10支，一盒它是12支，你说有趣不有趣。”铅笔除了“支”，还经常使用“打”这个数量单位。1打等于12支，这与我们常用的十进制单位不同，是十二进制的，它来源于英制单位。

将12打铅笔放在一起，就出现了一个新的数量单位“罗”。1罗=12打，这时铅笔一共是12×12=144（支）。再把12罗铅笔放在一起，又出现了一个新的数量单位“大罗”。1大罗=12罗，这时铅笔一共是144×12=1728（支）。

数学小博士

在鼹鼠先生的花园里，丁当和小伙伴们用画线段图的方法，从问题出发分析和解决“求剩余”“求两数之和”“求两数之差”的实际问题。在画线段图的过程中，先画一倍数，再画几倍数，这样更能看清楚条件与问题。

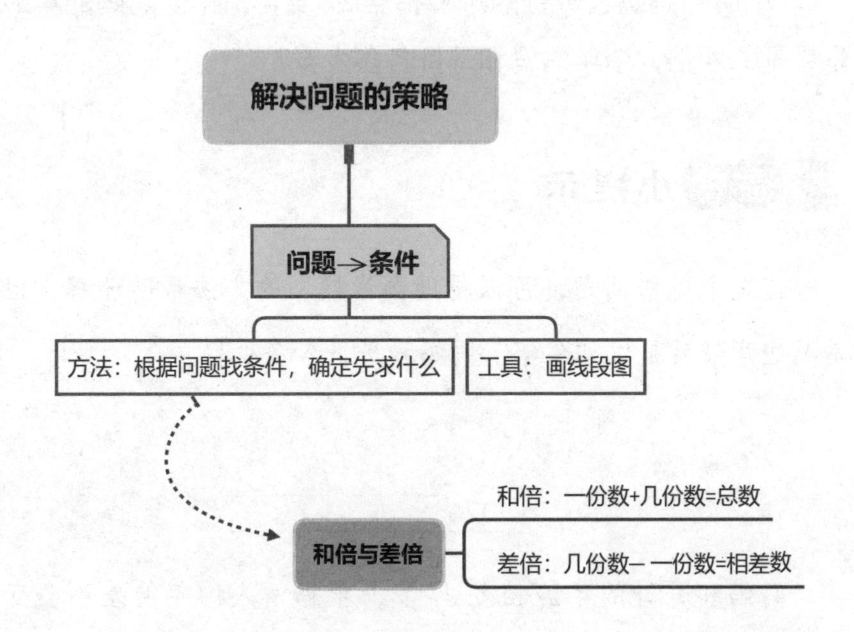

鼹鼠先生见三个小伙伴思维敏捷，便清了清嗓子对他们说：“其实我不仅喜欢倒腾我的花圃，我也是个数学迷。最近有道题难住我了，你们愿意和我一起研究一下吗？”

“当然愿意。”三个小伙伴异口同声地回答。

鼹鼠先生把大家带进他的书房，拿出了那道难题：

“小明的妈妈和哥哥的年龄相差 27 岁，两年前妈妈的年龄是哥哥的 4 倍，今年妈妈和哥哥各多少岁？”

这是个差倍问题，可以借助画线段图的方法帮助理解，但是要注意最后是求“今年”妈妈和哥哥各多少岁。

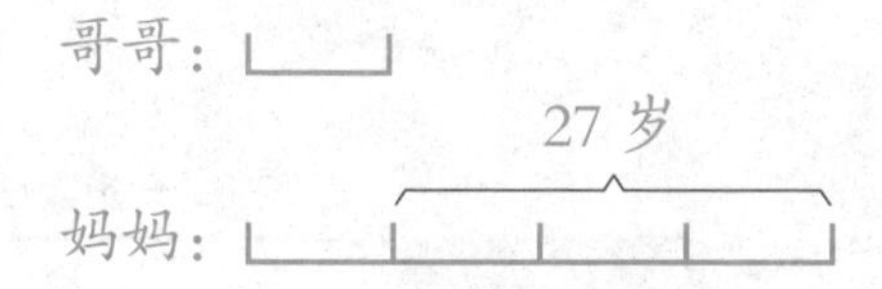

妈妈和哥哥的年龄相差 27 岁，根据两人的年龄差不会变得出两年前妈妈和哥哥的年龄差也是 27 岁。再结合两年前妈妈的年龄是哥哥的 4 倍这个条件算出两年前哥哥的年龄：27÷（4-1）=9（岁），妈妈的年龄：9×4=36（岁）或 9+27=36（岁）。由此算出今年哥哥的年龄是 9+2=11（岁），妈妈的年龄是 36+2=38（岁）。

第四章

地图玄机

——混合运算

玫瑰花汁让魔法地图的内容显现了出来，三个小伙伴迫不及待地趴在地上研究起了魔法地图。

“这是奇幻森林，快看，我们在这里！”皮皮指着地图上出现的三个红色圆点说。慢慢地，红点的颜色越来越深。这地图居然还能实时显示他们三个的位置，太神奇了！

“这地图就像是卫星导航。”丁当惊奇地喃喃自语。

“可有这么多条路，我们该沿着哪条路走？”奔奔看着地图上蜘蛛网一样的道路皱起了眉头。这和丁当之前想象的也不一样，他以为只有城市里的地图才有蜘蛛网一般的道路，谁知这森林里的路也是如此复杂。奔奔最不喜欢复杂的东西，一看见复杂的东西，他的脑子就乱成一团麻。

“魔杖，我的好魔杖，该你出场了！”丁当取出魔杖，朝地图轻轻一挥，“魔杖，魔杖，请你告诉我们正确的方向。”

只见魔杖顶端出现一道金色的细小电流，像激光一样射向地图，地图上慢慢浮现出一段淡蓝色的文字：樱桃每颗 5 魔币，蛋糕每块 20 魔币，买 3 颗樱桃和 1 块蛋糕一共用多少魔币？

哇！想要魔杖发挥作用，还得先做数学题呢！

“要求一共用去多少魔币，可以先求 3 颗樱桃多少魔币。”丁当很快就整理好思路。他拿一根树枝在地图旁的空地上划拉出了两个算式：

5×3=15（魔币）

15+20=35（魔币）

“用 3 颗樱桃的魔币加上 1 块蛋糕的魔币，一共需要 35 魔币。”丁当解释着自己的算式。

魔法地图不知道是不是有耳朵，但它肯定听懂了，并立即做出了回应，在地图上方浮现出一行小字：

列综合算式。

“这个是三年级下册的题，我学过。先写 3 颗樱桃价格的算式 5×3，再把 5×3 看作一个整体，与 20 相加。”丁当边说边在空地上写出一个新的算式：

5×3+20

“这个算式应该怎样算？**先算前面的还是先算后面的呢**？”奔奔甩了甩他的大耳朵，皱起了眉头，一遇到复杂的问题，他的脑子就不灵光了。

“肯定先算 5×3。”皮皮对这个新的题型来了兴趣，“可该怎么写呢，像以前的算式那样吗？”

“这样写。”丁当微笑着接过皮皮手里的树枝。

5×3+20

=15+20

=35（魔币）

“我明白了，算出 5×3 的积后，要把 15 写在‘+’前面，同时把 20 移下来并写在‘+’后面，**计算过程中两个‘=’要上下对齐**。”皮皮找到了规律，像发现宝藏一样兴奋地喊起来。

“皮皮，你观察得真仔细！”丁当伸手摸了摸皮皮毛茸茸的小脑袋。

丁当话音刚落，地图就有了反应：错综复杂的道路被隐去了一小部分。

“哈哈，看来只要我们解决地图给出的难题，就能去掉一部分错误路线。”奔奔对掌握了地图的规律感到无比开心。

地图像是回应奔奔的发现，马上又浮现出一段新的文字：每棵魔芋 15 魔币，买 2 棵魔芋，支付 50 魔币，应找回多少魔币？（列综合算式）

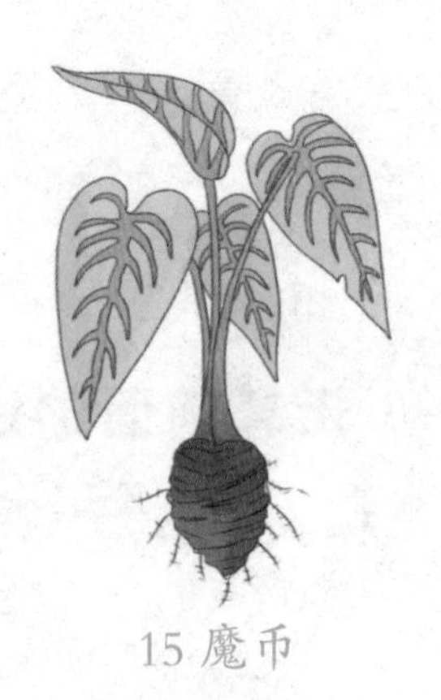
15 魔币

有了之前列综合算式的经验，丁当这次有把握多了。他整了一下衣领说:“因为找回的魔币 =50 元魔币 - 买 2 棵魔芋的魔币，所以 50 应该写在‘-’前面，15×2 应写在‘-’后面。”

皮皮在空地上划拉出一个新的算式：

50−15×2

之前一直都是丁当在列式计算，皮皮也学会了，奔奔有些着急了，看到算式，他迫不及待地抢先说："我来我来，这个综合算式太好算了，像之前那样，从左往右算就行了！ 50−15=35，35×2=70。"

这次，地图好像睡着了，没有任何反应。

"它怎么不回应我呀？这样算不对吗？" 奔奔瞪大了眼睛。

"奔奔，正确的思路是要先算出 2 棵魔芋的魔币。" 丁当边解释边写，"你看，先算 15×2=30，再算 50−30=20。"

50−15×2

=50−30

=20（魔币）

"**当算式里有加法、减法和乘法时，要先算乘法，再算加法和减法**。这是运算法则。" 丁当提醒奔奔。

丁当说完，地图又有了新变化，那些复杂的路线又消失了一半。尽管只剩一半，可还是有好多条路线。奔奔刚想开口，地

图上又有了新的提示：一袋蘑菇有 5 个，每袋要 40 魔币，一包种子要 12 魔币。买一个蘑菇和一包种子共需要多少魔币？（列综合算式）

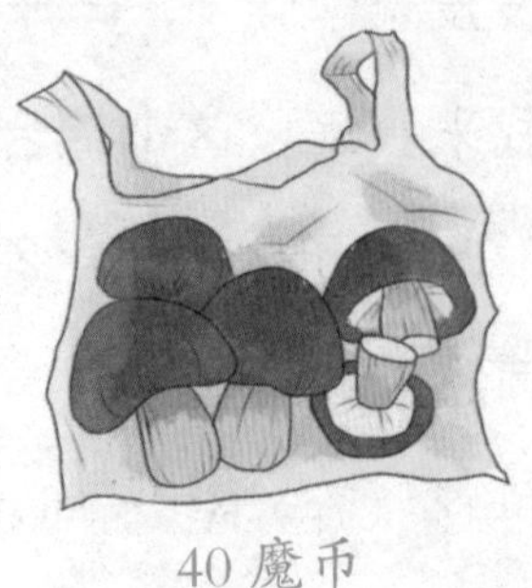
40 魔币

12 魔币

"我知道！"皮皮和奔奔异口同声地喊了起来。

"那你俩一起写。"丁当笑着提议。

"好！"两个小可爱同时拿起树枝"唰唰"写下了两个算式。

40÷5+12	12+40÷5
=	=
=	=

丁当凑近一看，打趣道："咦，你俩写的算式不一样……"

"我写的是用一个蘑菇的价格加上一包种子的价格。"不等丁当说完，奔奔抢先介绍自己的想法。

皮皮接着奔奔的话说："我写的是一包种子的价格加上一个蘑菇的价格。"

"这两种想法都是对的，应该怎样算呢？"以提问来引导，这也是丁当从欧阳院长那里学到的。

“皮皮不要说，让我来。”奔奔特别想扳回点面子，他看着两个算式，抓起树枝边写边说，“两个算式都是先算 40÷5=8，再算 8+12=20。”

40÷5+12	12+40÷5
=8+12	=12+8
=20（元）	=20（元）

地图有了反应，又有一些错误的路线被隐去了。

“我对了！我对了！”奔奔兴奋得直蹦跶。

虽然地图上的路线又消失了很多，可还剩下 4 条路线，怎么办？地图上又浮现出淡蓝色的提示：**一袋橡果 20 魔币，一棵向日葵 5 魔币，用 50 魔币买一袋橡果后，还能买几棵向日葵？（列综合算式）**

20 魔币

5 魔币

“这个魔法地图和我一样贪吃。”奔奔摸着自己的肚皮说。

“魔法地图和你不一样，魔法地图喜欢吃的是数学题，吃得越多就越聪明，你喜欢吃的东西只会让你变笨重，哈哈哈……”皮皮说到最后，自己都笑了。

“嘿嘿，好像是这样的。”奔奔不好意思地笑了笑。

“没错，这个地图很喜欢数学题，一道接着一道，什么时候才能让它满意呢？”虽然魔法地图出的题难不倒他，但丁当还是想早点儿找到魔法之门。

“先算买一袋橡果后还剩多少魔币……”皮皮开始整理思路，分析题意。

“那我会！”奔奔拿起树枝写下了一个算式：

$$50-20\div5$$
$$=$$
$$=$$

“这样列式，对吗？”皮皮觉得不太对劲，“这样列式应该先算哪一个呢？”

“那你说怎么列式？”奔奔一遇到难题就不自信，他把难题抛回给皮皮。

“我也不知道。”皮皮面露难色。

丁当笑着接过奔奔手里的树枝，没有重新写算式，而是在算式上加了一个小符号：

$$(50-20)\div 5$$

奔奔拿长长的牙齿碰了碰在地图前发呆的皮皮：“丁当加的是什么符号？”

“我也不认识。”皮皮有些沮丧。

“**这叫小括号**。”丁当特别喜欢看皮皮为难的样子。皮皮一为难，两个耳朵都竖了起来，尾巴也跟着翘起来。

“**当算式里出现小括号的时候，我们要先算小括号里的**，再算乘除，最后算加减。”丁当补充说。

“那有了这个小括号，我们就能先算 50−20 啦？”皮皮跟丁当确认。

“没错，先算买一袋橡果后还剩的魔币 50−20=30（魔币），再算剩下的魔币能买多少棵向日葵 30÷5=6（棵）。”

丁当在说的时候，皮皮边听边完成了算式剩下的部分：

$(50-20)\div 5$
$=30\div 5$
$=6$（棵）

“这下我知道了，算式里有括号，要先算括号里面的。”奔奔很高兴，又学会了一个新本领。

这时地图上只剩下两条路线了，二选一，到底哪条才是正确的呢？

三个小伙伴正疑惑着，忽然地图抖动着掉下来10张扑克牌，分别是A~10各一张。

括号的由来

在没有发明运算符号之前，人们进行运算都要用很复杂的文字进行说明，而且在计算时常常需要先算出某一道小题后再算第二道小题。为了方便计算，人们发明了区别计算先后顺序的运算符号——括号。

小括号（ ）是荷兰数学家吉拉特最早使用的。[ ]是英国数学家瓦里士最先使用的。之前法国数学家韦达使用过{ }，但这些符号到18世纪才被广泛使用。

（ ）叫小括号，又叫圆括号，

[ ]叫中括号，又叫方括号；

{ }叫大括号，又叫花括号。

如果这三种符号在一个算式里出现，就要先算小括号里面的，再算中括号里面的，最后算大括号里面的。

“它想和我们打牌吗？”奔奔捡起牌，奇怪地问。

地图不说话，可它用文字提醒大家：每人可以任意拿出3～4张牌，用加、减、乘、除法计算，要求得数是24，计算时每张牌只能用一次。

“我明白了！它想和我们玩24点的游戏！”一说游戏，丁当就兴奋，这可是他从小经常和爸爸玩的，“皮皮，奔奔，你们先挑牌，玩这个我在行！”

“可我要怎么选牌呢？”奔奔整个脸拉成了“囧”字，一点儿头绪都没有。

“最好是挑能相乘得24的，比如3和8，或者4和6这些。”皮皮思索一番后有了方向。

“那我就选3，8，9。”奔奔赶紧先挑好了。

然后他用树枝在地上划拉了一会儿，很快有了结果：

$$9 \div 3=3$$
$$3 \times 8=24$$

“奔奔，你可真聪明！”丁当和皮皮异口同声地夸赞他，奔奔进步确实很大。

奔奔得意地扬起小脑袋，那长长的獠牙感觉都能戳到天上去了，让人忍俊不禁。

“我选 4，5，7，8 吧。”皮皮也有了决定。

他静静地想了一会儿，在地上写下了算式：

$$4+5+7+8=24$$

“看来，不只是乘法，还可以有其他思路。”看到皮皮的算式，奔奔豁然开朗。

最后到丁当选啦，他选了“1，2，6，10”，稍加思索后他沉着地写下下列算式：

$$10 \div 2=5$$
$$5-1=4$$
$$4 \times 6=24$$

顺利通关！地图上只剩下一条路线了，三个小伙伴欢呼着蹦跳起来：“我们就沿着这条路去黑暗森林！”

数学小博士

在研究魔法地图的过程中，三个小伙伴通过解决魔法地图提出的问题发现了四则混合运算的运算顺序：算式中有加、减、乘、除法的时候，要先算乘、除法，后算加、减法，如果是同级运算，从左往右依次计算，有括号要先算括号里面的。

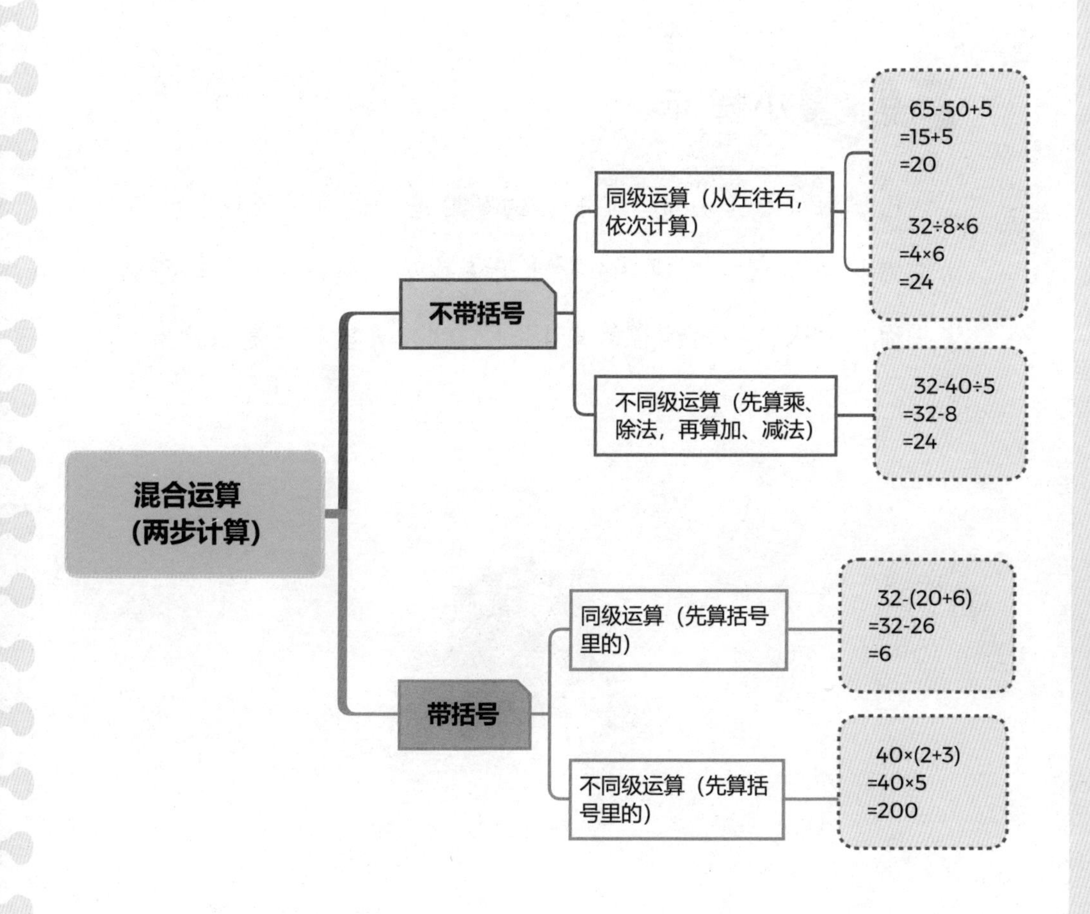

三个小伙伴在魔法地图的指引下赶路，气喘吁吁地爬上一个山坡后，一起躺在草地上休息。丁当看着湛蓝的天空中飘过的云朵，灵机一动，对皮皮和奔奔说：“咱们这个山坡海拔大约136 米，如果在这里放飞一只气球，气球平均每分钟上升 8 米，4 分钟后气球距离海平面多少米？”

温馨小提示

山坡海拔就是山坡与海平面的高度差。通过画图可以发现：山坡海拔多少米 + 气球 4 分钟上升多少米 =4 分钟后气球距离海平面多少米，列出综合算式 136+8×4，算出答案是 168 米。

第五章

生日派对

——年、月、日和 24 时计时法

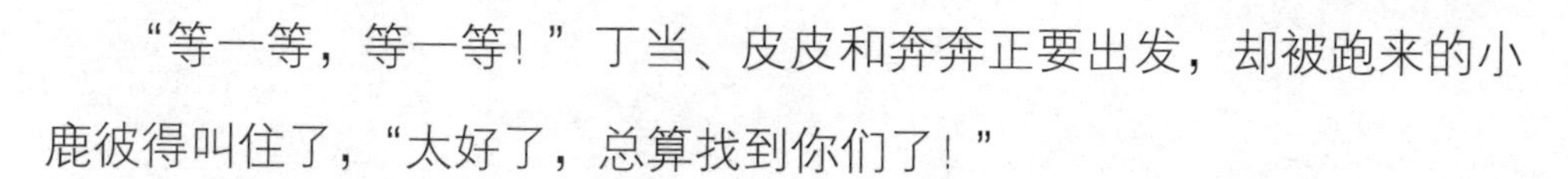

“等一等，等一等！”丁当、皮皮和奔奔正要出发，却被跑来的小鹿彼得叫住了，“太好了，总算找到你们了！”

“有什么事吗？彼得。”皮皮好奇地问。

“今天是小象多利的生日啊，大家知道你们要去寻找魔法之门，为整个奇幻森林而战，想为你们办个欢送会，和多利的生日派对一起，预祝你们凯旋！”

“派对？我最喜欢了！肯定有好多好吃的……”奔奔一想到吃的就开始流口水。

正如奔奔想的那样，象妈妈拿出丰盛的美食招待大家。

“过生日真好啊！”奔奔打了个饱嗝，摸着自己吃得圆滚滚的肚皮感叹着，“我现在吃得像只猪啦！”

“奔奔，你什么时候都像一只猪呀，因为你本来就是一只小野猪啊！”丁当提醒他。大家被逗得哄堂大笑。

“哦，对，可能因为最近数学题做太多了，就忘记自己是一只猪了，哈哈哈……”奔奔自己也大笑起来，他一笑，肚皮就颤抖起来。

皮皮笑着说：“生日会好热闹啊，以后奇幻森林的每个居民过生日，大家都一起来庆祝。快告诉我你们的生日，我记下来。”说完他跑进屋子拿出一本日历。

奔奔抢先说："我的生日在大月的第一天。"

"**一年12个月中有31天的月份都是大月**，1月、3月、5月、7月、8月、10月、12月都是大月，你到底是在这7个大月中的哪个月啊？"皮皮疑惑地问。

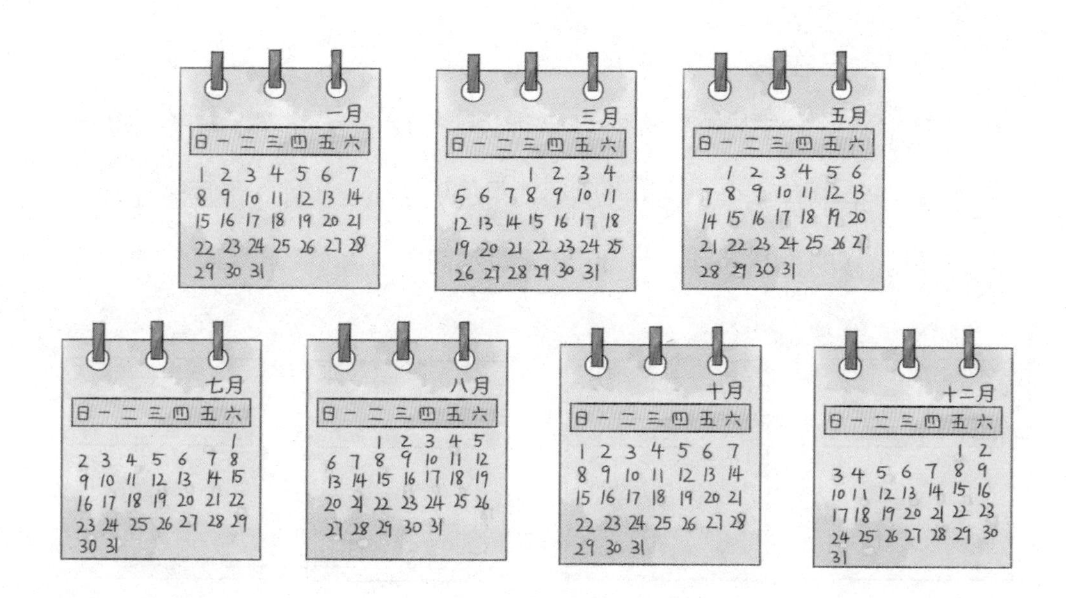

“嘿嘿，1 月，1 月。”本想卖弄一下，结果弄巧成拙了，奔奔有些不好意思地挠挠头。

“那就是新年第一天——元旦！彼得，你呢？”

“我的生日在最后一个小月的最后一天。”

“我来猜，我来猜！”奔奔着急地说，“**有 30 天的月份都是小月**，一年中有 4 个小月：4 月、6 月、9 月和 11 月。最后一个小月是 11 月，你的生日是 11 月 30 日，对不对？”

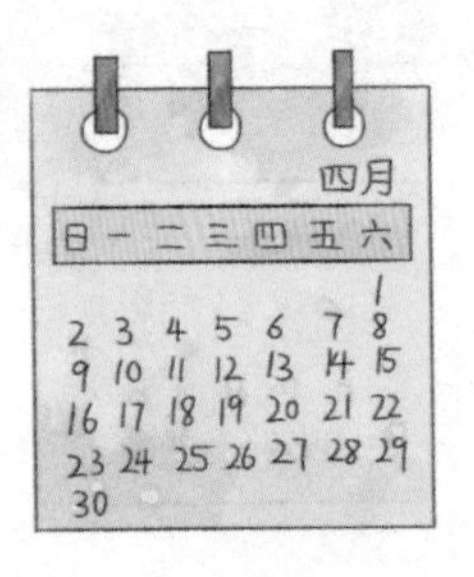

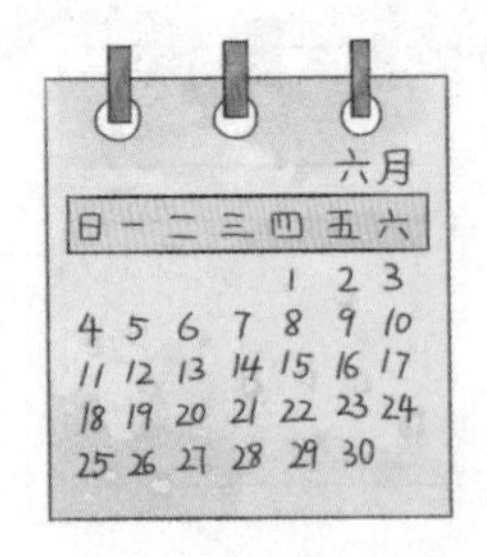

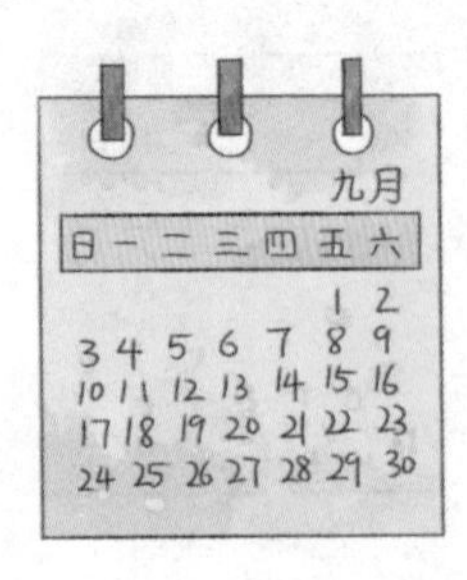

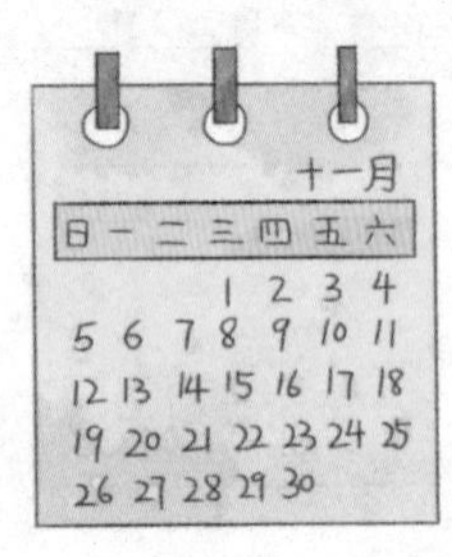

“没错！”皮皮忍不住给奔奔点赞。

听到小家伙们猜得这么高兴，乌龟爷爷也忍不住开口了：“小家伙们，**我今年 100 多岁了，可总共才过了 25 个生日**，你们知道我的生日在哪天吗？”

“怎么会？我们每年都过生日的呀，乌龟爷爷你搞错了吧？”皮皮

觉得难以置信，他使劲想也想不明白，“丁当，你说呢？”

“肯定是乌龟爷爷记错了！”奔奔不等丁当开口，就抢着说。

丁当一开始也觉得奇怪，可再仔细一想他就明白了：“乌龟爷爷，您的生日是在2月29日吧？”

“为什么呀？”奔奔不等乌龟爷爷确认，就追着丁当问。

“公历年份如果是4的倍数一般就是闰年，通常每4年里有3个平年，1个闰年，平年的2月有28天，**闰年的2月有29天**，所以乌龟爷爷的生日在2月29日，每4年才能过一次生日。”

皮皮非常好学，听得特别仔细，他忍不住追问：“你刚才说‘一般’，难道还有不一般的特殊情况吗？”

“当然有了。**如果公历年份是整百数的，必须是400的倍数才是闰年。**”丁当补充。

“你真是个聪明的孩子！”乌龟爷爷称赞丁当。

丁当又和大家讲起古人确定四季的方法：“在古代，人们利用日影长度的变化周期来确定一年的四季变化，称之为土圭之法。人们在土筑平台上立一根8尺长的杆子，用一个带有刻度的木棒测量这根杆子日影的长度。一天中，正午的杆影最短，一年中，夏至那一天日影最短，冬至那一天日影最长，这样就确定了夏和冬。把夏和冬的日影长相加除以2，就得到了春分和秋分的日影长。在夏朝，人们就是

用这样的方法确定一年的春夏秋冬，以此来指导农业生产。”

“这些都是我在神奇学院学到的。”一下子说了这么多，丁当有点儿不好意思起来。

“丁当，你的生日呢？”

“我的生日在第三季度的第 8 天。”

“**一年有四个季度**，第一季度是 1 月到 3 月，第二季度是 4 月到 6 月，第三季度是 7 月到 9 月，第四季度是 10 月到 12 月，所以丁当的生日是 7 月 8 日，再过 5 天就是你的生日啦。”这下，连奔奔也会算了。

“没错，每年生日，爸爸妈妈和奶奶都会给我准备好多好吃的，还有生日礼物……”丁当的声音越说越小，他开始想念奶奶，想念家，这么长时间没回家，奶奶一定急坏了，她还等着自己吃早饭呢。

“别难过，丁当，等我们夺回魔法之门，你就能回家了。”皮皮跳上丁当的肩头安慰他，小动物们也都围了过来安慰他。

丁当想到自己还有任务在身，立刻振作起来：“对，我们要赶紧从黑暗使者手中夺回魔法之门！”

丁当、皮皮和奔奔沿着魔法地图的指示来到了奇幻森林的边界。奇怪的是，边界线的这边阳光普照，一片浅金色的迷人景象，而边界

为什么会有闰年

古时候，人们通过观察月相盈亏来制定历法。从一次新月到下一次新月的时间周期为一个月，重复12次就是一年。农历规定，大月30天，小月29天，这样一年12个月共354天，比公历的一年要短11天。

如果按照上述规定制定历法，十几年后就会出现天时与历法不合、时序错乱的怪现象。为了克服这一缺点，我们的祖先在天文观测的基础上想出了“闰月”的办法，让一些年份一年有13个月。

“闰月”的设定在某种程度上解决了农历的缺点，但长期使用下来，仍然存在时序偏离的问题。于是人们继续寻找更加精确的历法。

1582年，罗马教皇格里高利十三世颁布了格里历，也就是我们现在使用的公历。

公历将一年精确定为365.2425天，普通的年份一年是365天，在闰年设置“闰日”，这也是为了弥补因为历法规定造成的一年天数与地球实际公转周期的时间差。

线的那边却是大雾弥漫，白茫茫一片，就像在边界线上竖起了一道透明的玻璃墙，两边是完全不同的世界。

“怎么什么都看不见啊？”皮皮边说边往后退。

“过去瞧瞧。”奔奔说着就要往浓雾里走，还没迈出第二步就被拽住了，回头一看，皮皮正使出吃奶的劲儿拉住他的尾巴。

“皮皮，你干吗呀？”奔奔觉得很奇怪。

“那边什么都看不见，不知道前面是不是陷阱，你要是遇到危险怎么办？”想到可能会有很多危险，皮皮连说话的语气都变凝重了。

“皮皮说的对，我们别莽撞，先看看魔法地图，看看走对没有。”丁当摊开魔法地图，大家走过的路线在魔法地图上有一条淡淡的红色印痕。没错啊，这正是

离开奇幻森林的路线，可前面根本看不见路，该怎么走呢？

正疑惑着，魔法地图上有了提示："13 时，雾散。"

"13 时？**13 时是几时呢**？"皮皮和奔奔有点儿丈二和尚——摸不着头脑，他们一脸疑惑地看着丁当。

丁当也有点儿迷糊，但是他想起神奇学院的欧阳院长曾经教过他们，在解决数学题的时候，有时笨办法反而是最好的办法，实在没办法的情况下，可以选择笨办法。

于是丁当掐起手指头，开始用笨办法数了起来："我们每天的时间都是从夜里12时开始的，所以夜里12时也叫作夜里0时，接下来就是凌晨1时、凌晨2时……到凌晨5时，**这段时间称为凌晨几时**，早上6时，天就亮了，接着从上午7时、上午8时……直到中午12时，时针正好走了1圈，也就是12小时。"丁当一口气讲了一大段，难得奔奔没有性急地打断他，"接下来时针开始走第二圈，就是下午1时、下午2时……到晚上6时、晚上7时……直到夜里12时，走完第二圈，这一天的时间结束，也就是24小时。同时这也是第二天时间的开始……"

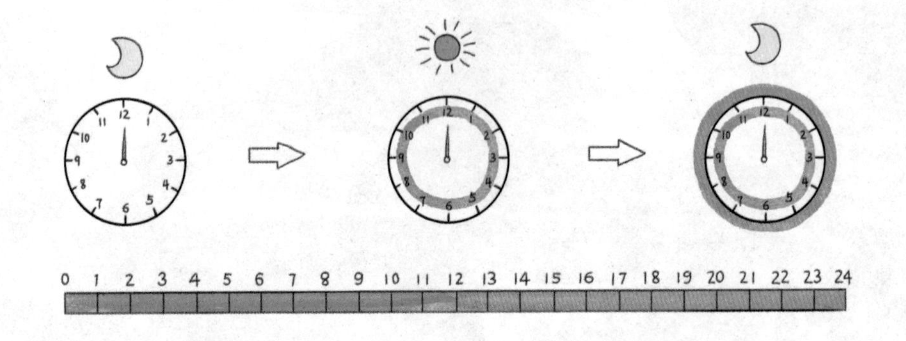

"你讲了半天也没说到13时啊？"急性子的奔奔终于忍不住发问了。

"别急，马上就说到了。刚刚说的是生活中常用的**12时计时法**，其实还有一种叫**24时计时法**。夜里0时记作0时，凌晨1时记作1时，早上6时记作6时，中午12时记作12时，下午1时记作……"

"1时。"丁当稍一停顿，奔奔就接了上去。

"不对，是13时。"皮皮马上纠正奔奔，"如果也记作1时，就会和凌晨1时混淆了，**应该用12时+1时，表示成13时**。"

丁当点点头，又看向奔奔："那下午2时呢？"

“嗯……是记作 14 时吗？用 12 时加 2 时？”奔奔不太确定。

“没错！”

“我知道了，12 时计时法表示时间的时候，都会在前面加一个时间段，比如：凌晨、早上、中午、晚上，但 **24 时计时法就没有**。”

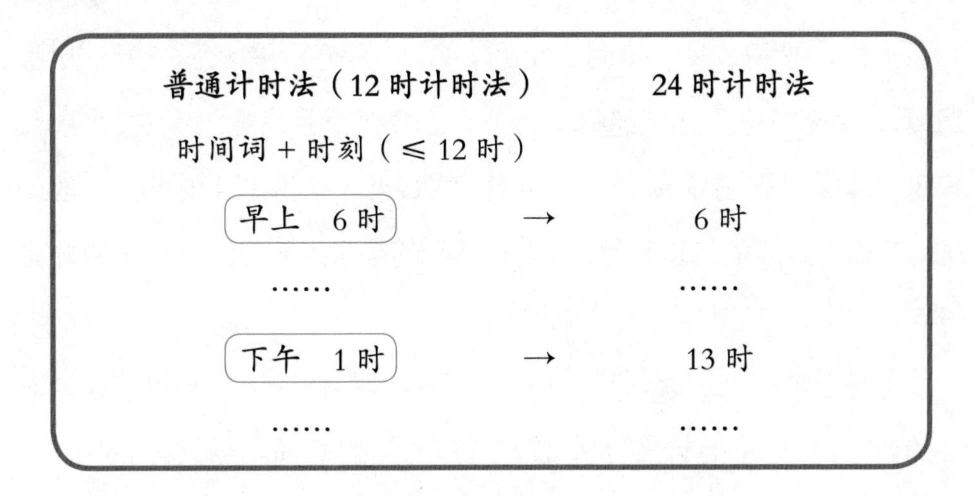

“对，12 时计时法，用时间段区分时针走过的两圈时间，而 24 时计时法表示时间的时候，不用时间段，把中午 12 时以后的时间按顺序记作 13 时、14 时……24 时。晚上 9 时就是……”

“21 时，9 时加 12 时。”这次奔奔接得很快，不过他又有了新的疑问，“现在是 11 时，我们得等多久这雾才会散哪？”

“这个简单呀，13时－11 时＝2时，再等 2 小时，我们就能出去了。”皮皮说。

果然，到了 13 时，刚才还厚厚的白色浓雾一下子消失得无影无踪，就像从没出现过一样。

三个小伙伴感激地看了看魔法地图，继续踏上了征程。

数学小博士

大家一起给小象多利过生日，在统计所有小伙伴的生日时，大家发现了年、月、日的秘密：一年有12个月，其中7个大月分别是1月、3月、5月、7月、8月、10月、12月，4个小月分别是4月、6月、9月、11月，还有一个月比较特殊，是2月。每个大月有31天，每个小月有30天，2月在闰年有29天，平年有28天。年份是4的倍数一般就是闰年，不是4的倍数是平年。(整百数的年份必须是400的倍数才是闰年。)

离开小象多利的家，三个小伙伴在奇幻森林的边界利用普通计时法和24时计时法的转换计算出了迷雾消失的时间。一天有24小时，时针走两圈，普通计时法第一圈12个小时记作：凌晨1时、清晨6时、上午10时等，第二圈12个小时记作：下午1时、傍晚6时、深夜10时等；24时计时法两圈的时间依次记作：1时、2时、3时……12时、13时、14时……24时。由此大家可以看出，24时计时法没有时间词，从第二圈起，每个时间都加12时。同时，学会运用“结束时间－开始时间＝经过时间”这一计算公式。

年、月、日和24时计时法

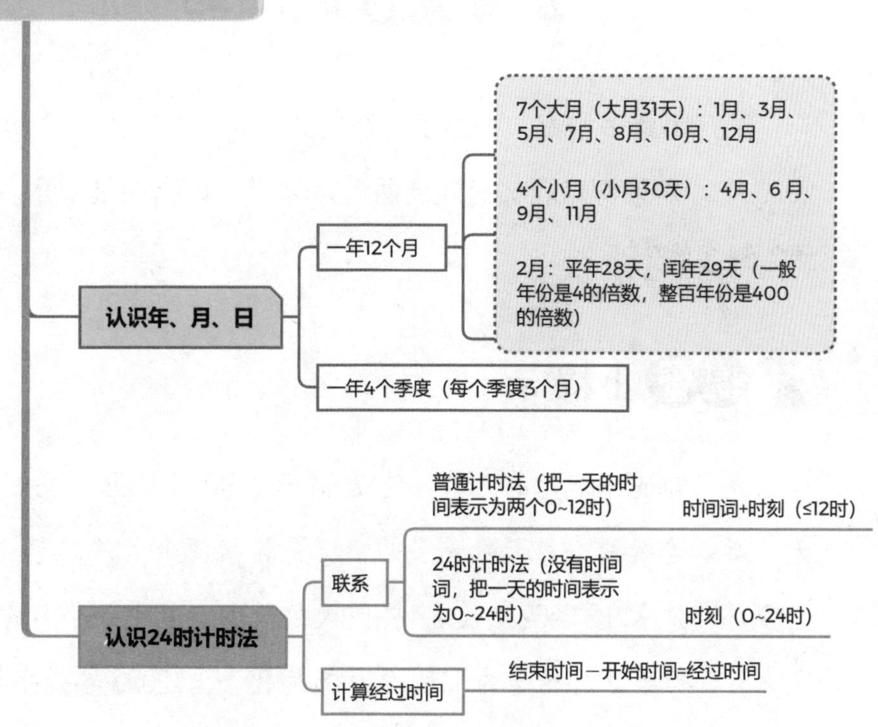

认识年、月、日
一年12个月
7个大月（大月31天）：1月、3月、5月、7月、8月、10月、12月
4个小月（小月30天）：4月、6月、9月、11月
2月：平年28天，闰年29天（一般年份是4的倍数，整百年份是400的倍数）
一年4个季度（每个季度3个月）
认识24时计时法
联系
普通计时法（把一天的时间表示为两个0~12时）
时间词+时刻（≤12时）
24时计时法（没有时间词，把一天的时间表示为0~24时）
时刻（0~24时）
计算经过时间
结束时间－开始时间=经过时间

离开小象多利家，在继续前行的路上，丁当想到一个问题：2023 年，如果奇幻森林有连续两个月休猎，休猎期最少休多少天？最多呢？

温馨小提示

我们知道一个月的天数只能是 31 天、30 天、28 天或者 29 天。所以连续两个月天数最多的情况是连续两个大月，即 7 月和 8 月，是 31+31=62（天）。要使天数最少，其中一个月肯定是 2 月，而跟 2 月相连的 1 月、3 月都是 31 天。2023 年是平年，2 月有 28 天，所以最少天数是：28+31=59（天）。

也可以采用神奇学院中欧阳院长说过的“笨办法”，把一年 12 个月的天数一一列举出来：31 天、28（29）天、31 天、30 天、31 天、30 天、31 天、31 天、30 天、31 天、30 天、31 天。连续两个月的组合只有三种：31 天和 28（29）天、31 天和 30 天、31 天和 31 天。在判定年份是闰年还是平年后，问题就迎刃而解了。

第六章

06

黑暗森林在哪里

——长方形和正方形的面积

丁当打开魔法地图，发现有两处黑暗森林，一处是长方形的，另外一处是正方形的。哪里才是黑暗使者的藏身之所呢？看来为了迷惑对手，黑暗使者制造了两个黑暗森林。

又是二选一，三个小伙伴束手无措。

“要不这两片森林我们都去一趟？”奔奔提议。

“那太浪费时间了，我们的时间所剩不多。”丁当否定了奔奔的提议。

“问问魔杖，它也许能帮到我们。”皮皮提醒丁当。

丁当拿出魔杖，只见上面的星星发出微微的金色光芒。“魔杖，魔杖，魔法之门在哪片黑暗森林之中？”魔杖慢慢升至空中，它轻轻朝魔法地图一点，只见地图上出现了一行提示语：**魔法之门在面积更大的那片森林里**。

“面积更大？什么是面积呢？”奔奔不明白了。

“欧阳院长讲过，**面积就是物体表面的大小**。”丁当从地上捡起一片树叶，摸着树叶的表面说，“树叶面的大小就是树叶的面积。”

奔奔依葫芦画瓢，用胖胖的前爪摸着魔法地图的面说：“这地图面的大小就是地图的面积吧？”

“没错！”丁当点点头。

奔奔来回摸了摸树叶和地图的表面，认真判断：“这样看来，地图的面积大，树叶的面积小。”

“你学的还真快！”丁当笑着说。

“当然，我是奔奔，可不是笨笨！不过地图上这两片森林的面积，靠我的小爪摸比较不出大小，而且看又看不出来。”奔奔的话一下就把大家给逗笑了，本来凝重的氛围也轻松了一些。

“可惜这地图不透明，要是叠在一起，说不定就能看出大小了。”奔奔把地图对着太阳边看边喃喃自语。

这句话一下子给了皮皮灵感，他高兴地跳起来：“奔奔，你不仅不笨，还超级聪明！”

奔奔有点儿蒙，他不知道皮皮为什么夸他。

“我们可以用薄的纸，把长方形和正方形这两片森林描下来，然后将它们剪下，**重叠在一起比较面积的大小**。”皮皮说出了自己的想法。

奔奔和丁当听明白了，皮皮这是要用重叠法比较森林面积的大小。

大家一起动手，描的描，剪的剪。一顿操作后，将正方形与长方形重叠到一起，却发现还是无法比出大小。

这可怎么办呢?

“我们把正方形和长方形分成很多小块，一块一块比怎么样? ”奔奔问丁当和皮皮。

“这样太麻烦了。”皮皮喃喃地说。

丁当想到一个办法:“为了准确测量或计算面积的大小，可以用同样大小的正方形的面积作为面积单位。比如边长 1 厘米的正方形，面积是 1 平方厘米……”

“**1 平方厘米**有多大? ”奔奔对这个新名词很好奇。

像是感应到了奔奔的问题，魔杖轻轻一抖，抖落出三个正方形，边长分别是 1 厘米、1 分米、1 米。

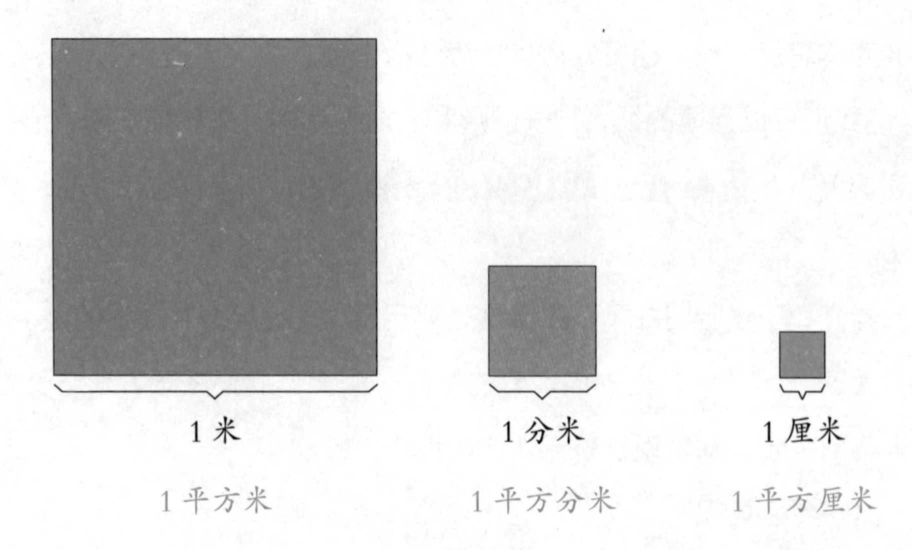

丁当捡起边长1厘米的小正方形递给奔奔："面积1平方厘米的正方形这么大。"

奔奔拿在手里反复看，看着看着，他拿起这个1平方厘米的小正方形贴在丁当的食指指甲盖上："看，你的**食指指甲盖的面积大约是1平方厘米**。"

丁当笑了起来，奔奔立马又说："还有，你的大门牙的面积大约也是1平方厘米，你眼珠中黑色部分的面积大约也是1平方厘米……"

奔奔越找越兴奋，他在丁当身上发现了好多表面大约1平方厘米的地方。

这时，皮皮拿着边长1分米的正方形研究，这个正方形的面积是1平方分米。奔奔拿着1平方厘米正要往丁当门牙上贴去，丁当赶紧伸手去挡。

"别动！"皮皮叫起来，丁当和奔奔一下都停住了，皮皮拉过丁当的手，把1平方分米的正方形贴在他的手掌上，"看，丁当，**你的手掌面积大约是1平方分米**。"丁当的手掌可以当作1平方分米的测量工具啦。

丁当带着他俩站在面积是 1 平方米的正方形上。

“哇，1 平方米可真大！”皮皮在上面跑动起来。

“当然，边长 1 米的正方形面积，和我们春游时铺的桌布差不多大。在这1平方米上，可以站12个我们班同学。”丁当目测着。

“可是，知道了面积单位，我们还是没法比较这两片森林哪个面积大呀！”奔奔有些失落。

丁当盯着地图仔细看，他发现地图边上有一行小字“边长 1 米”，这是说，地图上这些正方形格子，每个边长代表的是 1 米。

“我有办法了，小正方形的边长是 1 米，那小正方形的面积就是 1 平方米。我们数一数，长方形和正方形森林在地图上有多少个小正方形，那面积就是多少平方米。”

三个小伙伴一块儿从长方形的长开始数起，第一行有95个，第二行，91，92，93……数着数着，皮皮突然停下说，“等等，我们这样数太累了，每行的个数是一样的，我们数数一共有几行，然后用**每行的个数乘行数**就可以了呀。”

“对呀，**一行的个数是长方形的长，行数是长方形的宽**，长 × 宽 = 长方形的面积。”皮皮的方法启发了丁当，他一下子想到上学期的时候，欧阳院长教过他们求平面图形的面积。

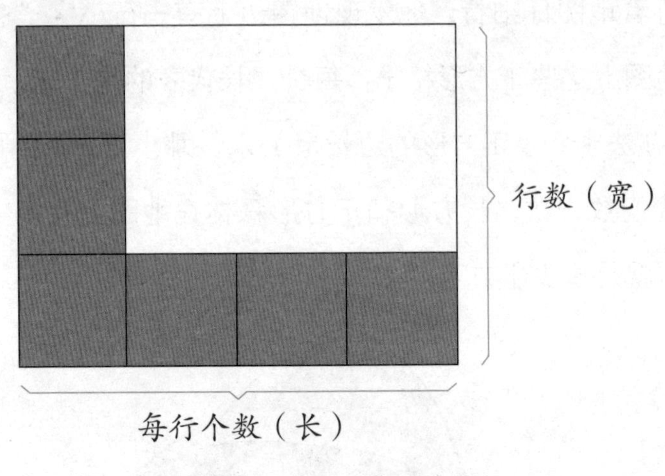

长方形面积 = 长 × 宽

“知道了方法，我们就可以计算长方形的面积了，长是95米，宽是92米，95×92=8740（平方米）。”皮皮在地上进行了竖式计算，算出了这个超大的数字。

“那正方形面积怎么算呢？和长方形是一样的吗？可正方形只有一个边长呢。”奔奔的问题像机关枪里的子弹接连发射。

“**长方形面积 = 长 × 宽**，正方形只有一个边长，它的长和宽是一样的，所以正方形面积 = 长 × 宽，也就是边长 × 边长。”皮皮认真地说。

“皮皮简直就是推理专家，正方形面积就是边长 × 边长。”丁当在地上算了起来，93×93=8649（平方米）。

正方形面积 = 边长 × 边长

“让我来比较数的大小，我最擅长啦！8740 平方米大于 8649 平方米，长方形面积大，我们要去长方形的黑暗森林！”奔奔找到了答案，开心极了。

“之前我们知道，**10 毫米 =1 厘米，**

10 厘米 =1 分米，10 分米 =1 米，现在计算面积的话，它们之间的关系又是怎样的呢？”皮皮没有像奔奔那样沉浸在喜悦之中，他在思考新的问题。

“对，我们一起看看面积单位之间的关系。”奔奔立马靠过来，在学习方面，他也很积极。

三个小伙伴围坐在一起，看着三个面积分别是 1 平方厘米、1 平方分米、1 平方米的正方形。

“要不我们这样，和刚刚一样，”奔奔拿起 1 平方厘米和 1 平方分

面积的起源

面积的概念很早就形成了，最早可以追溯到四大文明古国之一的古埃及。

古埃及位于非洲东北部尼罗河下游，尼罗河自南向北蜿蜒穿越贫瘠的撒哈拉沙漠，河流流经的地方，植物生长茂密，动物群居于此，人类也聚居在河流边上。

尼罗河上游每年7月份开始总是暴雨肆虐，丰富的降水使得尼罗河河水逐渐增多，水位大涨，大水淹没了河流两岸的土地。洪水泛滥，会把各家土地之间的界限标志给抹去。当洪水退去时，人们要重新划分出田地的界限，这就需要丈量和计算田地，长此以往便逐渐产生了面积的概念。

米的纸片说，“把 1 平方厘米的正方形纸片铺满这个 1 平方分米的纸片，然后数一数，不就知道答案了吗？”

“可以啊，奔奔，你真是越来越聪明了！”丁当笑着夸他。

奔奔把 1 平方分米分成了若干个 1 平方厘米。

“一行有 10 个 1 平方厘米，一共有 10 行，所以 10×10=100，**1 平方分米 =100 平方厘米。**”奔奔看着分完的 1 平方分米立即得出了结论。说完，奔奔轻推了一下皮皮：“对吧？”

皮皮先点点头，接着又用小爪子挠了挠小脑袋说：“会不会还有更简单的方法？”

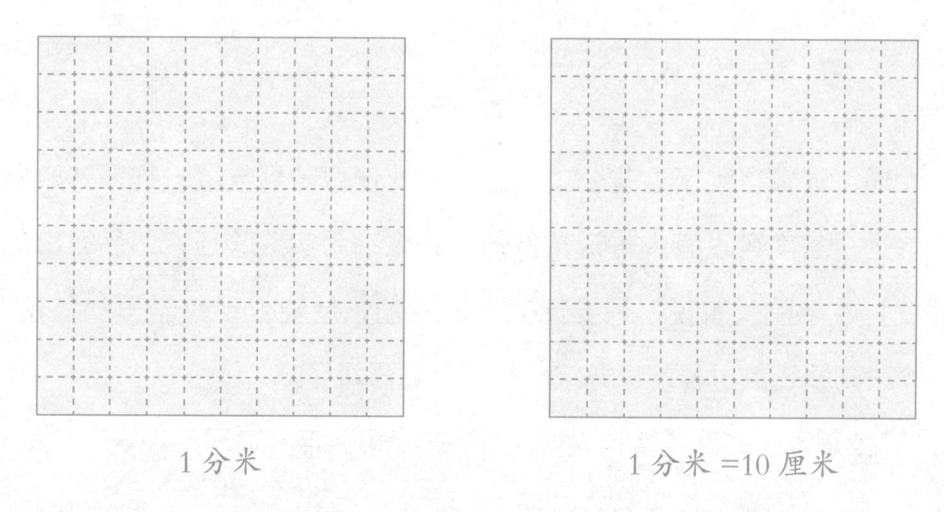

1 分米　　1 分米 =10 厘米

10 厘米 ×10 厘米 =100 平方厘米

1 平方分米 =100 平方厘米

“有了，你们画的图让我想到一个新方法。”丁当拿过面积为 1 平方分米的正方形接着说，“这个正方形边长 1 分米，1 分米 =10 厘米，根据正方形面积的计算方法：边长 × 边长 = 正方形面积，10 厘米 ×10 厘米 =100 平方厘米，**它的面积是 100 平方厘米。**”

“没错，这样想更简单！”皮皮举一反三地说，“面积 1 平方米的正方形，边长 1 米，1 米 =10 分米，10 分米 ×10 分米 =100 平方分米，它的面积就是 100 平方分米。”

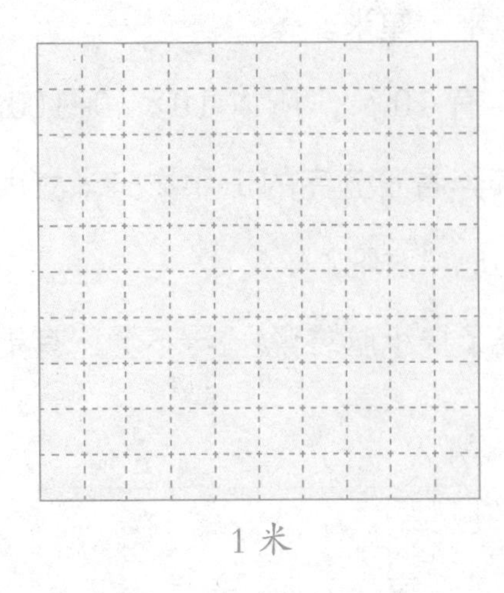

1 米 =10 分米

10 分米 ×10 分米 =100 平方分米

1 平方米 =100 平方分米

通过计算得到了这些公式，三个小伙伴像得到宝藏一样，开心极了。这个答案可没有人告诉，是他们三个动手实践验证，然后得出的公式！欧阳院长曾说，只要愿意开动脑筋，就能发现数学里的秘密，这个发现秘密的过程就像寻宝一样，有意思极了！

“破解难题的感觉真是太好了！”三个小伙伴异口同声地说。

数学小博士

丁当和小伙伴们在寻找黑暗森林的过程中，认识了面积，学习了面积单位。知道了 1 平方厘米、1 平方分米、1 平方米这几个面积单位的具体大小：食指指甲盖儿的面积大约是 1 平方厘米，手掌的面积大约是 1 平方分米，1 平方米的土地上大约能站 12 个 9 岁左右的孩子。他们利用排列数格子的方法找出了长方形、正方形的面积计算方法，长方形面积 = 长 × 宽，正方形面积 = 边长 × 边长。他们通过计算面积找到了真正的黑暗森林。此外，三个小伙伴还知道了面积单位间的进率，知道 1 平方分米 =100 平方厘米，1 平方米 =100 平方分米。

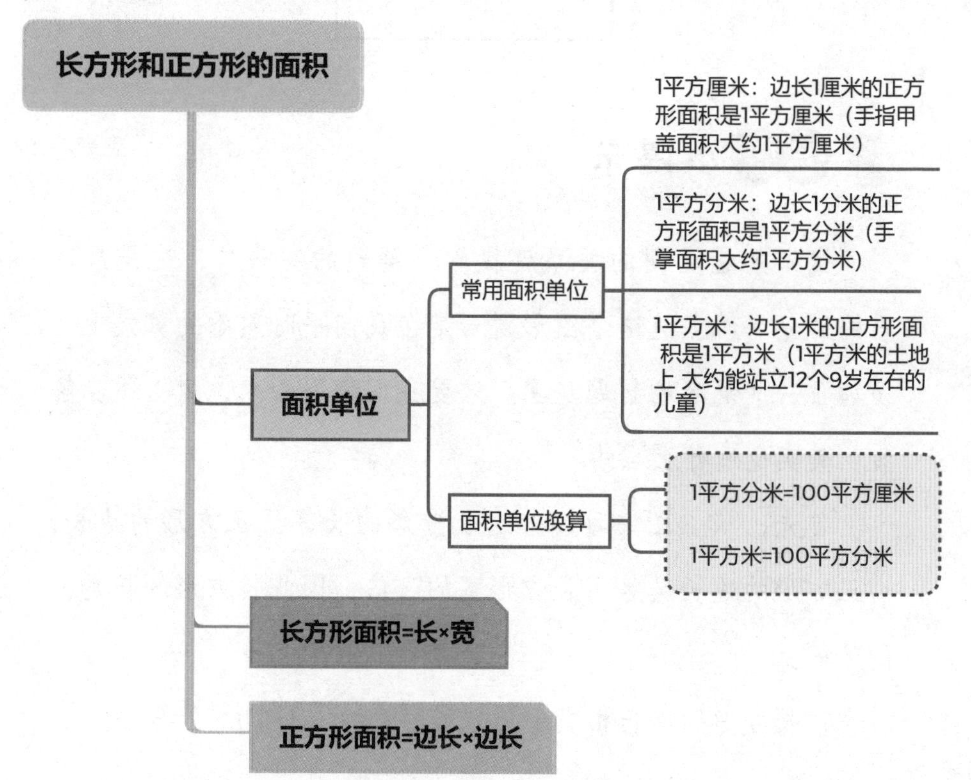

三个小伙伴在走进黑暗森林的途中，发现路边立着一块木牌，没有方向指示，却有一道图形题：一个正方形被分成了3个形状、大小都相同的小长方形，其中一个长方形的周长是80厘米。问：原来这个正方形的面积是多少平方厘米？

温馨小提示

找到数量之间的关系就找到了解题的突破口，这是最困难的部分。而上边这个图形题只是在我们平时熟悉的算式上又多加了一些复杂的解题步骤。只要我们静下心来，耐心逐步解答，其实也没什么难的。

首先，从上图中可以知道长方形的长等于正方形的边长，而正方形的边长又等于长方形宽的3倍，因此长方形的长是宽的3倍。

1. 长方形的周长相当于长方形的宽的（3+1）×2=8倍。

2. 再根据长方形的周长是80厘米，求出长方形的宽是80 ÷ 8=10（厘米）。

3. 因此正方形边长是10 × 3=30（厘米）。

4. 所以原来这个正方形的面积是30 × 30=900（平方厘米）。

看，我们将这道看似复杂的问题分解成四步就可以轻松完成啦！

第七章

07

呼噜噜岛

——分数的初步认识

根据魔法地图的提示，前往黑暗森林之前先得经过呼噜噜岛。三个小伙伴很快就来到了呼噜噜岛。

呼噜噜岛，岛如其名，岛上的居民是一群非常可爱的小猪。只是他们没有奔奔那对威风的獠牙。

来到呼噜噜岛，奔奔一下就像回到了家乡，感觉亲切极了。和奔奔不同的是，这里的居民一个个愁眉苦脸。

“你们怎么了？遇到什么困难了吗？”奔奔关切地询问大家。

“唉……”小猪们你看看我，我看看你，又看看奔奔，然后唉声叹气。

原来呼噜噜岛上的居民以前过得非常幸福，他们热情、善良、好客，整天都乐呵呵的。直到有一天，黑暗使者来到这里，他对大家说：“你们一天到晚都这么高兴，那是因为你们笨笨的脑袋就只配感受简单的快乐。”

“你胡说，我们才不笨！”小猪们当然不服气，觉得这个黑暗使者太没有礼貌了。

“那好啊，这道题你们能解答出来吗？”黑暗使者出了一道题。

从此，“笨笨”的阴影就一直笼罩着小岛，快乐也消失了。

“太可恶了，这是赤裸裸地侮辱我们猪的智商！他的题目在哪里？”奔奔义愤填膺，这可是关系到猪家族的尊严问题。

岛主把黑暗使者留下的题目递了过来，奔奔大声读道：“4 棵白菜平均分给 4 只小猪，每只小猪分得这些白菜的**几分之几**？平均分给 2 只小猪，每只小猪分得这些白菜的几分之几？”

奔奔一下也愣住了，对于数学他也是刚开始学习呢。奔奔诚实地说：“我只知道把一棵白菜平均分成 4 份，每只小猪就能分得这 4 份中的 1 份。”

丁当轻声地提醒他：“这就叫**分数**，你想想用分数怎么表示四分之一？我们要***把这 4 棵白菜看作一个整体***哦！”奔奔一拍脑袋，恍然大悟：“如果把这 4 棵白菜看成一个整体，平均分成 4 份，每只小猪分得的 1 份，就是这些白菜的四分之一。"

在这里，奔奔可是主角，他学着丁当之前为奇幻森林的小动物们解题的样子，有模有样地为呼噜噜岛上的小猪们解释着，一边说一边在一旁的大黑板上画起图来。

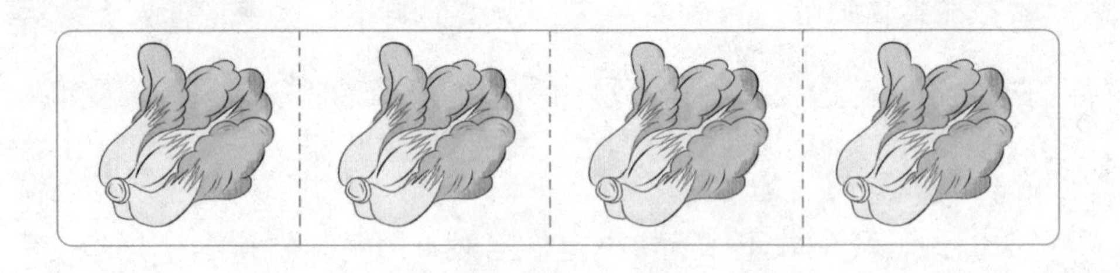

下面的小猪们边听边点头，原来是这样！

"要是平均分给两只小猪，就是**平均分成 2 份**，每只小猪就分得这些白菜的——"

"二分之一！"没等奔奔说完，其他小猪已经一起喊出来了，"我们不笨，我们把问题解决了！"大家一阵欢呼。

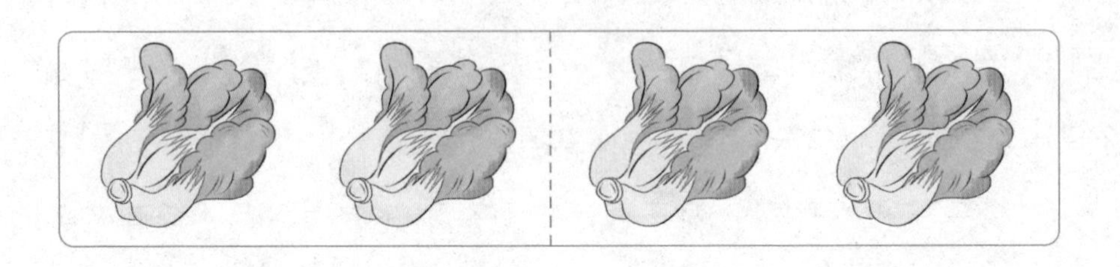

欢呼声还没有退去，有只小猪提出疑问："都是 4 棵白菜，那**表示每一份的分数为什么不同**？"

大家一下子安静了下来。

"对啊，为什么呢？"小猪们面面相觑，努力思考着答案。

"我知道。"皮皮打破了安静，"那是因为第一次是把 4 棵白菜平均分成 4 份，所以每份用四分之一表示；第二次是把 4 棵白菜平均分成 2 份，所以每份用二分之一表示。**只要把一些物体看作一个整体，把它平均分成几份，这样的一份就是整体的几分之一。**”

“没错，没错！”小猪们纷纷点头，赞同皮皮的解释。

皮皮又补充说：“还能列除法算式：4÷4=1（棵）。”

“原来是这样。”站在最前面的小猪拉丁恍然大悟地说，“所以这些白菜的二分之一，就可以用……”

“4÷2=2（棵）。”大伙儿一下把小猪拉丁的话抢了过去。

“如果是 6 棵白菜的二分之一呢？”之前那个声音又问。

“6÷2=3（棵）嘛，把 6 棵白菜平均分成 2 份，每份有 3 棵。”奔奔说完，发现小猪们眼神里充满了对他的崇拜。

“都是白菜的二分之一，为什么棵数又不一样呢？”这个发问的声音很执着，又抛出了一个问题。

“这是因为两堆白菜的棵数不同啊，虽然都是平均分成 2 份，可一堆白菜有 4 棵，而另一堆是 6 棵，每份的白菜棵数不同呀。”为了证明猪猪也有一个聪明的脑袋，奔奔今天说话的思路特别清晰。

“所以，如果是 8 棵白菜的二分之一，那又不一样了。”奔奔的思路完全打开了，继续拓展起来，“把 8 棵白菜看成一个整体，平均分成 2 份，每份有 4 棵。”

他的话音刚落，现场就响起了热烈的掌声。

“黑暗使者的问题还没有全部解决呢。”呼噜噜岛的岛主提醒大家。

“快说快说！”和一开始的沉默不同，现在小猪们都有些跃跃欲试呢。

“把 4 棵白菜平均分给 4 只小猪，其中 3 只小猪共分得这些白菜的几分之几？”

“四分之三。”奔奔肯定地说，“如果每只小猪分得这些白菜的四分之一，3 只小猪一共分得 **3 个四分之一**，就是四分之三。”

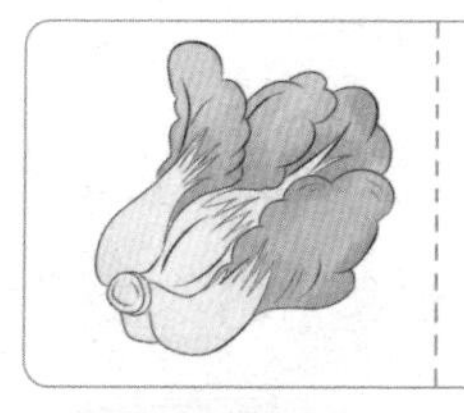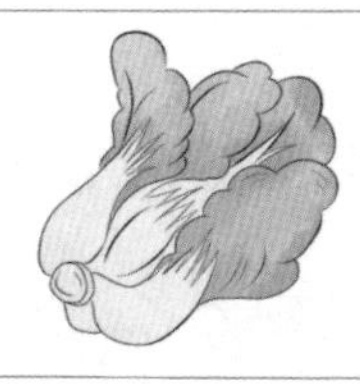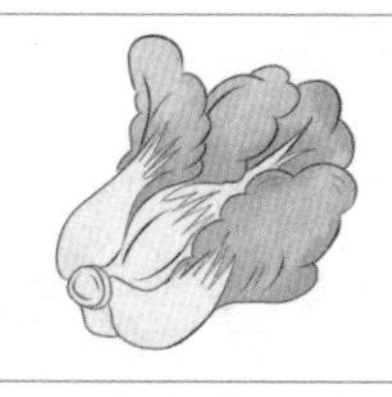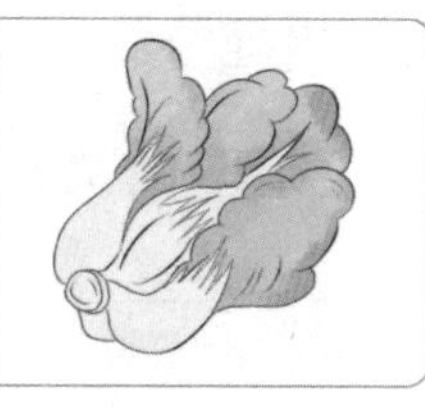

“对，很对！”皮皮给奔奔竖起了大拇指。

“把 10 棵白菜平均分给 5 只小猪，其中 2 只小猪共分得这些白菜的几分之几？”

“五分之二。”奔奔说。

“不对，是十分之二。”还是刚刚那个一直提问的家伙，他提出了反对意见。

一个是五分之二，一个是十分之二，到底哪个答案才是对的呢？小猪们你一

言我一语地争论起来。

“把这些白菜看作一个整体，平均分成 5 份，每只小猪分得这些白菜的五分之一，2 只小猪一共分得 2 个五分之一，就是五分之二。”看到大家争论起来，皮皮赶紧站出来大声说，“把一些物体看成一个整体，平均分成几份，一份是它的几分之一，几份就是它的几分之几。”

“我同意皮皮的想法！”

“我也同意！”

“10 棵白菜的五分之二是多少棵呢？”其他人都没注意，可丁当发现了，每当小猪们顺利解决一个问题时，有只小猪总是不断地提出新

分数的起源

分数起源于分。在原始社会，人们集体劳动后要平均分配果实和猎物，逐渐有了分数的概念。以后在进行测量、分物或计算时，往往不能正好得到整数的结果，这时通常用分数来表示。

中国是较早使用分数的国家，公元前12世纪的殷商时期，就有了分数的使用。《左传》一书中记载，春秋时期，诸侯的城池，最大不能超过周王城的三分之一，中等的不得超过五分之一，小的不得超过九分之一。秦始皇时期，拟定了一年的天数为三百六十五又四分之一天。

的问题。

小猪们凑到一起讨论着，很快有了答案："4 棵！"

奔奔赶紧在大黑板上列式："10棵白菜平均分成5份，每份有2棵，2份就有4棵，列式 10÷5=2（棵），2×2=4（棵），不管是十分之四，还是五分之二都是正确的。"

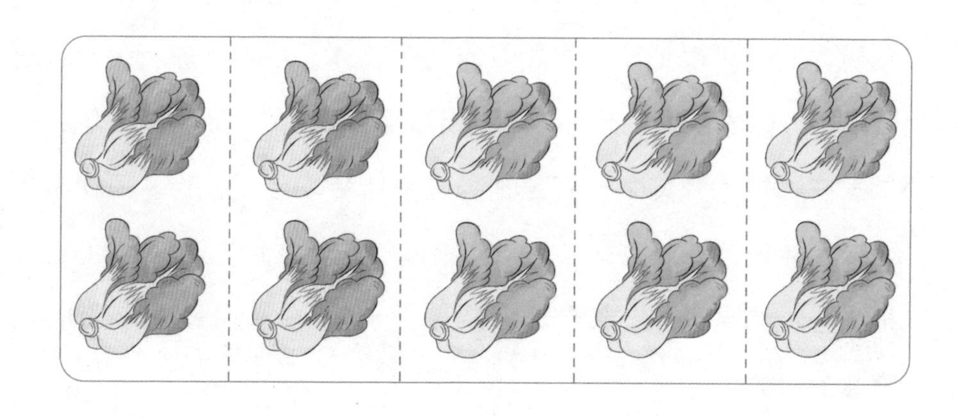

"我们一点儿也不笨，我们很聪明！"小猪们兴奋得又蹦又跳。

丁当不动声色地悄悄走下台，朝着刚才发问的声音走去。他看到一件黑色的斗篷，刚要伸手去抓，"嘭"的一声，一阵黑烟腾起，然后消失不见，只听到空中有声音在回响："我会证明你们是愚蠢的，你们给我等着——"

刚刚一直发问，试图难住所有人的声音，原来是黑暗使者发出来的，他变成了一只小猪的模样故意捣乱。

不过，他的奸计并没有得逞，呼噜噜岛的小猪们在奔奔、皮皮和丁当的帮助下解决了一个又一个难题。

呼噜噜岛恢复了往日的生机与活力，小猪们现在非常确信：善良热情的猪猪们同时还拥有着聪慧的大脑。

数学小博士

丁当和小伙伴们帮助呼噜噜岛的居民解决了黑暗使者留下的难题，找回了自信！原来，不只是一个物体均分后可以用分数表示其中的一份或几份，同样可以把一堆物品看作一个整体，平均分成若干份，每份也可以用分数表示为几分之一，几份就可以表示为几分之几。

求一些物体的几分之一就是把一些物体平均分成几份，每份是多少，可以用除法计算。在解决求一些物体的几分之几是多少的问题时，要先把这些物体平均分成若干份，求出一份是多少（用除法计算），再乘所需要的份数。

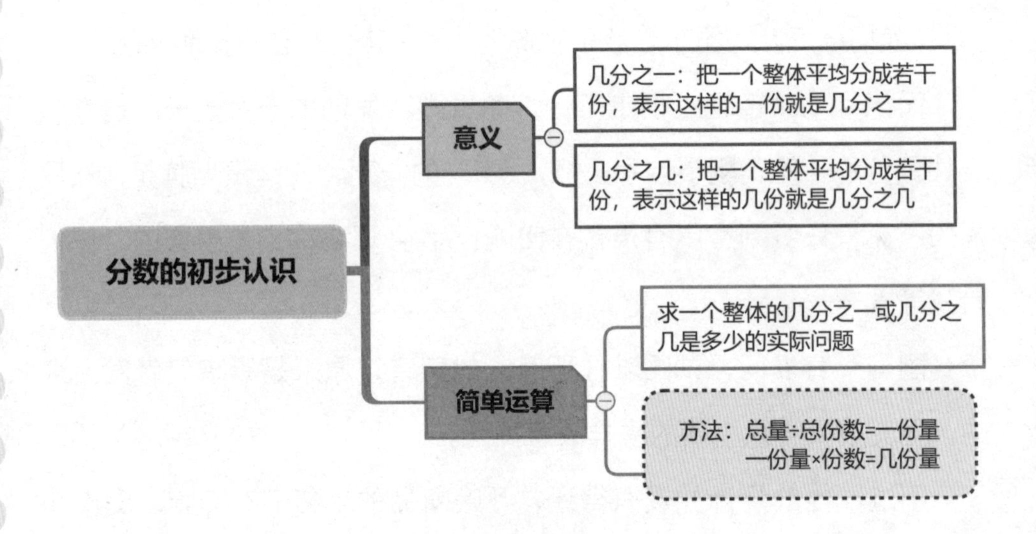

智慧加油站

晚上，热情好客的呼噜噜岛居民为丁当他们举办了盛大的欢迎晚会。他们端出各种各样美味的食物。打败了黑暗使者，居民们自信满满，所以大家在晚餐前开始了猜题就餐的游戏。

岛主推了推他标志性的黑框眼镜，端着一个盖了盖儿的大盘子出来："这个盘中有 6 个香蕉和一些芭蕉，其中香蕉占总数的$\frac{1}{5}$，这个盘子里有多少芭蕉？"

温馨小提示

奔奔清了清嗓子说：根据这个盘里有两种蕉——香蕉和芭蕉，其中香蕉的数量占总数的$\frac{1}{5}$，得出这个盘中共有 5 份蕉，香蕉占 1 份，共有 6 个，芭蕉占 4 份，求出芭蕉的数量。列式为：

6×(5−1) 或者	6×5−6
=6×4	=30−6
=24（个）	=24（个）

可以算出芭蕉共有 24 个。

第八章

魔法宫殿

——小数的初步认识

离开呼噜噜岛，三个小伙伴直奔魔法宫殿。宫殿门前丛林密布，阳光一丝一缕都射不进来，这里阴暗潮湿，寒气逼人，多待一会儿就会莫名地发抖。

皮皮趴在奔奔头顶上不自觉地揪紧他的耳朵，牙齿都忍不住打战："黑漆漆的……好可怕……"

"疼，疼，疼……"奔奔被揪得龇牙咧嘴。

"哦，对不起。"皮皮松开了奔奔的耳朵，又忍不住去抓奔奔的后脖颈。

"别害怕，皮皮，有我们呢。"丁当安慰他。

"对，有我们呢！"奔奔甩了甩脑袋说。

"吱——呀——"丁当的手才碰到宫殿大门，门就自动打开了。

三个小伙伴小心翼翼地打量着里面，警惕地往宫殿里走去。

"哈哈哈……三个小可爱，欢迎你们来到我的魔法宫殿做客！"一个冰冷的声音在寂静的宫殿里突然响起，让人不寒而栗。

嘭！宫殿四周墙壁上的火把瞬间被点燃，发出莹莹的白光。宫殿高台上有着一张巨大无比的椅子，一个穿着黑色斗篷、戴着黑色面具的身影坐在上面，正是黑暗使者。

“快、快把魔法之门还给我们！”奔奔略有些紧张地说道。

“别急呀，我一定会还给你们！哈哈哈……”那个身影似乎很慷慨。

“你、你、你就是黑暗使者？你会这么好心？”皮皮不太相信。

“丁当，聪明的人类小孩儿，你也觉得我在骗你吗？”黑暗使者不理皮皮，把问题抛给丁当。

“说吧，你又想要什么花招？”丁当的声音听上去很镇定，这让奔奔和皮皮也冷静了下来。只有丁当自己知道，其实他紧张得手心里直冒汗。

“听说你的数学很好，是吧？看——”黑暗使者将黑色斗篷一挥，几十扇门出现了，“你们只有一次机会，找到正确的魔法之门就可以通往人类世界。要是找错了，嘿嘿，那你们就将坠入最阴森恐怖的黑暗世界。”

“就知道没那么简单。可我们怎么知道这里面一定有真正的魔法之门呢？”丁当还是不太相信黑暗使者。

黑暗使者指着丁当身上说：“你不是有魔杖吗，魔杖会提醒你。如果你们找错了，那就得把魔杖交给我，哈哈哈……”

丁当低头一看，魔杖正发出微弱的金色光芒。他赶紧拔出魔杖，轻轻抖动：“魔杖，魔杖，快告诉我们，哪一扇是真正的魔法之门？”

“哈哈哈，在我这宫殿里，它的魔力已经消失一大半了！”黑暗使者很是得意。

魔杖像是听懂了黑暗使者的话，它向魔法之门的方向发射金色光芒，却被什么东西挡住了，光线折回后就消失了。接着听到一阵细微的声音，像有什么东西掉落在地上。奔奔跑上前一看，是一卷软尺和

一行文字：**门宽 0.8 米，高 1.8 米。**

“这好办，皮皮快拉尺。”奔奔和皮皮准备测量，却傻眼了。

尺上没有 0.8 米、1.8 米这些数呀！丁当拿着软尺仔仔细细地看了起来，上面的刻度均匀标注着：0，1 分米，2 分米……9 分米，1 米……

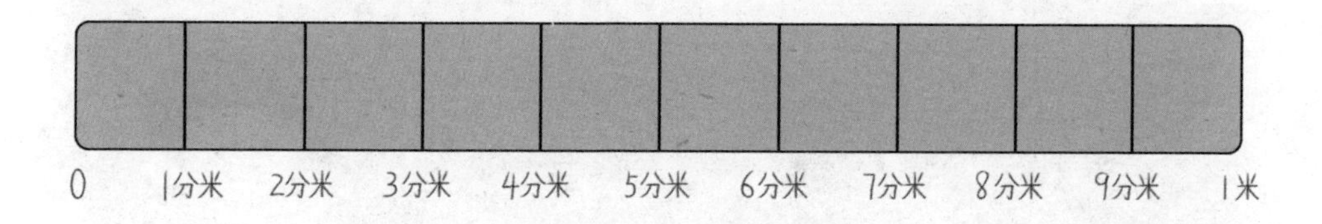

“你们现在认输的话，我可以考虑饶过你们。”黑暗使者很是得意。

“别急，我认认它们。”丁当安慰两个小伙伴。他再次打开软尺，指着 1 分米说：“1 分米就是 1 米的 $\frac{1}{10}$，是 $\frac{1}{10}$ 米，$\frac{1}{10}$ 米还可以写成 0.1 米，**读作：零点一米。**”

“零点一米。”皮皮和奔奔轻声跟着读了一遍。

丁当接着说：“2 分米就是 1 米的$\frac{2}{10}$，是$\frac{2}{10}$米，$\frac{2}{10}$米也可以写成 0.2 米……”

“所以，0.8 米其实就是 1 米的$\frac{8}{10}$，是$\frac{8}{10}$米，也就是 8 分米。”皮皮一下明白了。

小数的由来

小数是我国最早提出和使用的。早在1700多年前，我国古代数学家刘徽在解决一个数学难题时就提出了把个位以下无法标出名称的部分称为微数。

古代，我国用小棒表示数。人们要表示小数就只是用文字。到了公元13世纪，我国元代数学家朱世杰提出了小数的名称，同时出现了低一格表示小数的记法。例如，小数64.12记作：

这是世界上最早的小数表示方法。这种记法后来传到了中亚和欧洲。后来，又有人将小数部分的各个数字用圆圈圈起来，这么一圈，就把整数部分和小数部分分开了。

“那 0.3 米就是 $\frac{3}{10}$ 米，也就是 3 分米啦！”奔奔也明白过来了。

“没错，**十分之几米可以写成零点几米**，零点几米就表示十分之几米。”

三个小伙伴快速用软尺一个个测量那些门的宽，不一会儿，大半的门就消失了。

“高 1.8 米，就是超过 1 米了？”皮皮向丁当求证。

“对，”丁当肯定了皮皮的想法，并接着解释，“像 0.8，1.8 这些数都是小数，***小数中的圆点叫作小数点***，**小数点的左边是整数部分，小数点的右边是小数部分**。1.8 的整数部分是 1，小数部分是 0.8 或者 $\frac{8}{10}$。”

“哦，那我懂了。”皮皮恍然大悟，“1.8 米就是 1 米和 0.8 米合起来，所以，**1.8 米其实就是 1 米加 8 分米，也就是 18 分米**。”

三个小伙伴加紧测量，很快就只剩下三扇门，长宽都一样。丁当仔细观察，发现这三扇门的厚度不同，哪一扇才是真的魔法之门呢？

正想着，魔杖开始闪烁，奔奔手里的卷尺一下消失了，之前出现的文字也不见了。

丁当用力抖动魔杖：“魔杖，魔杖，快帮帮我们。”刚说完，地上就掉落了三块数字牌：厚度 0.6 分米，厚度 1.5 分米，厚度 0.8 分米。

厚度 0.6 分米　　厚度 1.5 分米　　厚度 0.8 分米

“这是什么意思？”奔奔不明白。

皮皮却懂了：“魔杖是在提醒我们把这些数字牌贴到对应厚度的门

上，没有卷尺，我们得先按一定的顺序排列好。我说的对吗？丁当。”皮皮看向丁当。

“对，一点儿都没错。”丁当笑着点头。

奔奔也明白了：“我知道了，最大的数字对应最厚的门，最小的数字对应最薄的门，这样即使没有卷尺，我们也能知道它们的正确厚度。”

得到肯定的皮皮一下子信心大增：“我们就**从小到大排**，0.6 分米就是 6 厘米，0.8 分米就是 8 厘米，1.5 分米就是 1 分米 5 厘米，也可以表示成 15 厘米。”

“完全正确。”丁当点头说，“除了转换单位，我们也可以直接比较

这三个小数。0.6和0.8的整数部分相同，都是0，只需要比较小数部分，小数部分大的这个数就大，所以0.8 > 0.6。1.5和0.8 **先比较整数部分**，1 > 0，所以1.5 > 0.8。”

奔奔和皮皮观察比较后，把每扇门对应的厚度贴了上去，才贴好，只见真正的魔法之门闪闪发亮，另外两扇门逐渐消失了。

“太好了，我们找到了！”奔奔和皮皮兴奋地跳起来。

“你们高兴得太早了。”那个冰冷的声音再次响起。

丁当刚摸到魔法之门的把手，门就“嗖”的一声又飞远了。

“你耍赖！”丁当又气又急。

“哈哈，别急啊，我帮你把它找回来，不过这也得看你们自己的本事。”黑暗使者冷冰冰地笑着，“你们听仔细了，这扇魔法之门是用奇幻森林中最珍贵的黑胡桃木和魔法宝石制成的，黑胡桃木2.1吨，魔法宝石1.3吨，这扇魔法之门一共重多少吨？黑胡桃木比魔法宝石重多少吨？”

丁当低头想了想，在大殿地板上写了起来，是两个竖式：

$$\begin{array}{r} 2.1 \\ +\ 1.3 \\ \hline \end{array} \qquad \begin{array}{r} 2.1 \\ -\ 1.3 \\ \hline \end{array}$$

“丁当，这两个竖式都把小数点对齐了，为什么要对齐呀？”奔奔有些不明白。

“**小数点对齐了，就能让相同单位的吨和吨对齐**，对齐了才可以相加、相减。”丁当边说边把竖式的剩余部分写完整了。

$$\begin{array}{r} 2.1 \\ +\ 1.3 \\ \hline 3.4 \end{array} \qquad \begin{array}{r} 2.1 \\ -\ 1.3 \\ \hline 0.8 \end{array}$$

皮皮指着减法竖式中的结果问:“这里是怎么算的?”

“按照整数方法减，**小数部分1减3不够就向前退1作10再减**。因为小数部分得到的差是8，不满1吨，对齐上面点出小数点，整数部分没有就写0，所以结果是0.8。”丁当解释得很详细。

“这扇门重3.4吨，用的黑胡桃木比魔法宝石重0.8吨。”奔奔才说完，就见刚刚飞走的魔法之门又慢慢地靠近过来。

“怎么样，我很守信用吧?”黑暗使者那不带一点儿温度的声音再次响起。

丁当总觉得黑暗使者不可能这么轻易地交出魔法之门，不过先拿回魔法之门再说，大家立刻向魔法之门冲去。

“冲啊!”奔奔可开心了，努力这么久，终于找到魔法之门啦!

可是，黑暗使者会让他们这么顺利地达成心愿吗?

数学小博士

在和黑暗使者较量的过程中，丁当和皮皮、奔奔认识了小数，知道小数由整数部分、小数部分和小数点三部分组成。

明白了小数的意义：十分之一是0.1，十分之二是0.2，以此类推，十分之几就是零点几。比较小数的大小，需要先比整数部分，整数部分大的，小数就大，如果整数部分相同，再比较小数部分。

也学习了小数相加或相减，列竖式时需要把小数点对齐。

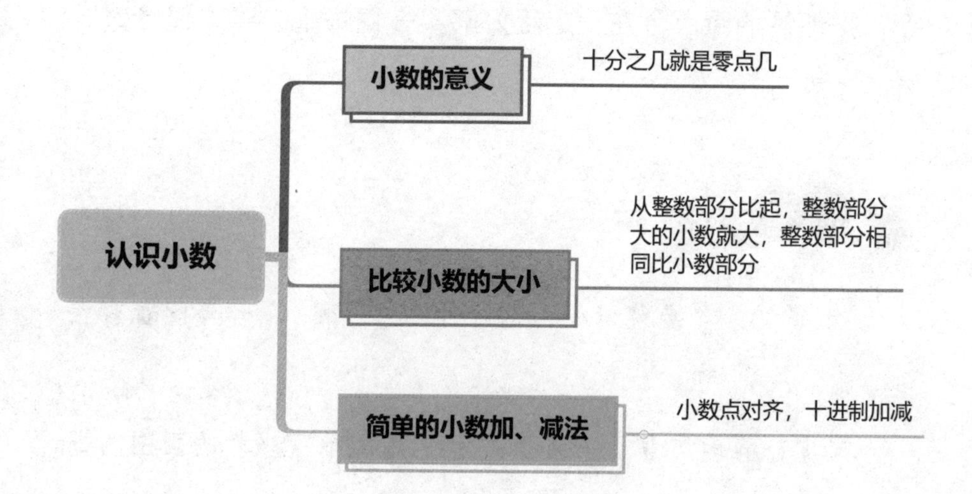

丁当刚碰到魔法之门，大门就开始剧烈抖动起来，紧接着一股气流将三人弹飞出去。

“就知道你会使坏！”奔奔对着黑暗使者气愤地嚷嚷。

“哈哈哈哈，哪能那么轻易让你们得逞？好好应对考验吧，小鬼们。”黑暗使者得意地坏笑道。

魔法大门前出现了一段文字：浣熊和狐狸一起去买蜂蜜，一罐蜂蜜用浣熊的魔币买还差 2.8 个，用狐狸的魔币买还差 5.7 个，把他俩的魔币合在一起正好够买一罐蜂蜜，买这罐蜂蜜要花多少魔币？

“我的脑袋都要绕晕了，这是什么意思啊？”奔奔读着有点儿崩溃。

皮皮冷静地思考了一会儿：“我们用之前丁当教的画图的方法试试吧。”

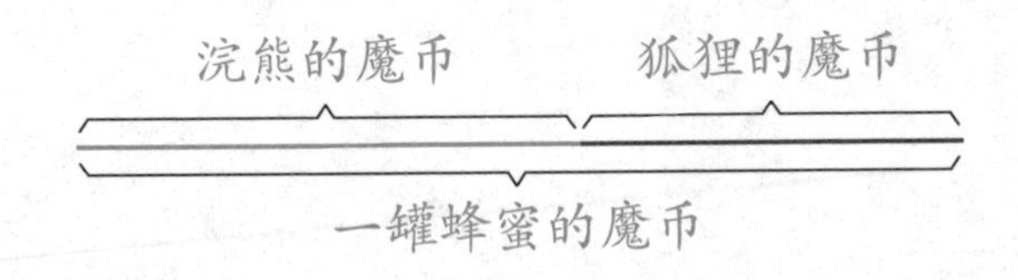

皮皮在地上画线段图分析：从图上很容易看出，这罐蜂蜜用浣熊的魔币买还差的2.8个魔币，其实就是狐狸带的魔币，用狐狸的魔币买还差的5.7个魔币也就是浣熊带的魔币。他们的魔币合起来正好够买一罐蜂蜜，2.8+5.7=8.5（魔币），这就是一罐蜂蜜的价格。

皮皮的话音刚落，魔法之门的强风就消失了，三个人高兴地向魔法之门冲去。

第九章

进入魔法之门

——数据的收集与整理

丁当、皮皮和奔奔快步来到魔法之门前，这次魔法之门没有飞走，也没有吹出怪风，好像正在迎接他们。

这表示他们已经顺利通过了所有考验吗？丁当有些紧张地伸出手，轻轻握住了魔法之门的把手。

“怎么样，没骗你们吧，我可是言而有信的。哈哈哈……”黑暗使者冰冷诡异的笑声再次响起。

“丁当，别理他，我们快打开魔法之门吧！”奔奔催促丁当。

丁当拧动把手，可怎么都拧不动，再怎么用力都是纹丝不动。皮皮和奔奔见状，立即过来帮着一起用力，依然没有用。

“是不是要用魔杖才行？”皮皮抓了抓身后的大尾巴。

丁当取出魔杖，轻声念着：“魔杖，魔杖，帮我们打开魔法之门。”

魔杖似乎恢复了魔力，它指向魔法之门，上面出现了文字：奇幻森林中

哪个月份出生的动物最多？**哪个月份出生的动物最少？**

“天哪，动物居民们都在奇幻森林呢。难道要跑回去问一遍吗？”奔奔沮丧地靠着魔法之门瘫坐了下来。

“我有记录！”皮皮拿出一个小本本，“上次多利过生日，我把每个居民的生日都记下来了。”

“太棒了！皮皮，你真是个超级细心的伙伴。”丁当忍不住夸赞他。

“皮皮，你是先知吗？所以提前记录了大家的生日。”奔奔一下子站了起来。

皮皮被夸得不好意思，两只小耳朵上的毛都立了起来：“我不是先

知。记录的时候只是想着在每个人生日的时候给他准备一份惊喜。”

“皮皮，你的‘生日惊喜’成了我们的神助攻！下面好办了，我们三个分类统计：水里游的居民皮皮统计，天上飞的居民奔奔统计，地上走的居民我统计。”丁当边说边画了三张一样的表格。

水里游的动物居民

月份	一月	二月	三月	四月	五月	六月	七月	八月	九月	十月	十一月	十二月
数量												

天上飞的动物居民

月份	一月	二月	三月	四月	五月	六月	七月	八月	九月	十月	十一月	十二月
数量												

地上走的动物居民

月份	一月	二月	三月	四月	五月	六月	七月	八月	九月	十月	十一月	十二月
数量												

丁当提议：“我们可以**用符号标记法**，水里游的动物居民用▲，天上飞的动物居民用●，地上走的动物居民用◆，标好后我们再分开数一数，根据生日依次填入对应的月份里。”

“真是好办法！”皮皮赞赏地说。

“除了符号标记法，也可以由一个人依次报出动物居民们的生日，然后我们三个分别画‘正’字，边听边记，比如，这里记着小象多利的生日12月7日，那我就画‘一’，后边如果还有12月出生的小伙伴，就加一笔笔画。等全部报完，**按‘正’字笔画数计数**。”丁当继续说。

“听着还是‘正’字法更简单呢。”奔奔摸了摸自己的长牙，思考片刻后说。

“不同的记录方法都有自己的用处，我们可以**根据数据的特点和统计的需要来选择**。”皮皮跳上奔奔的脑袋说。

“这次，我们用‘正’字法。”奔奔用长长的牙齿碰了碰皮皮。

于是，皮皮报生日，丁当和奔奔分工记录，很快就完成了三张表格。

水里游的动物居民

月份	一月	二月	三月	四月	五月	六月	七月	八月	九月	十月	十一月	十二月
数量	丅 2	正止 9	正下 8	正 5	正止 9	正正一 11	正 5	正丅 7	正下 8	正正丅 12	正一 6	止 4

天上飞的动物居民

月份	一月	二月	三月	四月	五月	六月	七月	八月	九月	十月	十一月	十二月
数量	正正一 11	正 5	正一 6	正丅 7	正下 8	止 4	正一 6	下 3	正正下 13	正止 9	正正 10	正下 8

地上走的动物居民

月份	一月	二月	三月	四月	五月	六月	七月	八月	九月	十月	十一月	十二月
数量	正丅 7	正正下 13	正下 8	止 4	止 4	正一 6	正止 9	正丅 7	正丅 7	正正丅 12	正止 9	正一 6

皮皮问丁当:“下面我们是不是只要把正字的笔画数一下就行了?”

“先统计每一格里正字的笔画数，再把三个表格里面每个月份的正字笔画数相加，得出整个奇幻森林每个月份动物出生的总数，这叫作‘**数据汇总**’。我们按月份分别汇总数量，就是‘**分类汇总**’。这样就能清楚地观察、比较每个月出生的动物数量，找到问题的答案。”

丁当说完马上又画了一张汇总表。

奇幻森林动物居民

月份	一月	二月	三月	四月	五月	六月	七月	八月	九月	十月	十一月	十二月
数量	20	27	22	16	21	21	20	17	28	33	25	18

“我知道了，10月份出生的动物最多，4月份出生的动物最少。”奔奔为找到答案兴奋不已。

奔奔说完，魔法之门上的文字抖动了一下，可依然没有消失。

难道是答案不对？三个人重新汇总计算了一遍，没有错啊！

“奔奔，把你刚才的答案再说一遍。”丁当若有所思地说道。

“我说，10月份出生的动物最多，4月份……”

“我知道了。”奔奔还没说完，丁当马上接过了话头，“奇幻森林10月份出生的动物最多，4月份出生的动物最少。”

丁当说完，问题从屏幕上消失了。

“原来是我们回答问题不够完整，我们收集的是奇幻森林动物居民的生日数据，而不是其他地方的，**说明调查范围**，这也是统计学中一个重要的知识点！”丁当的解释让奔奔和皮皮恍然大悟。

正说着，魔法之门上又出现了新的文字：“奇幻森林哪个季度出生的动物最多？”

“这个我知道，我知道！”奔奔着急地说，“把每个月整理的数字按季度进行分类……对，分类汇总！”

丁当一边肯定奔奔一边又画了张表。

季度	第一季度	第二季度	第三季度	第四季度
数量	69	58	65	76

“奇幻森林第四季度出生的动物数量最多。”奔奔这次回答得胸有成竹。

“如果统计整个地球森林，得到的结果和我们奇幻森林一定相同吗？”皮皮心里有了新的疑问。

“那我们要统计的数据就更多啦。依然**可以先分类统计，再汇总**。不过，**调查的对象不同，得到的结果不一定相同。**”丁当认真地回答。

正当大家说话的时候，魔法之门上的文字又变了。星河小学三(1)班收集了所有女生1分钟仰卧起坐的成绩：

序号	成绩/个	序号	成绩/个	序号	成绩/个	序号	成绩/个
1	42	5	38	9	19	13	23
2	24	6	33	10	28	14	49
3	32	7	35	11	36	15	25
4	16	8	46	12	40	16	34

问题：

(1)这个班女生1分钟仰卧起坐的最好成绩是多少？最差成绩是多少？这两个成绩相差多少？

(2)成绩在40个或者40个以上为优秀，21个以下不及格，有多少人的成绩达到优秀？有多少人不及格？

“人类小孩儿，你的数学确实不赖，但魔法之门可不是那么容易打开的。”前面的难题都被丁当他们一一破解，但是这次可不一样，这次问题比较多，黑暗使者的语气充满了得意，好像他已经确定奇幻森林的三个小伙伴解答不出来。

丁当和奔奔、皮皮一起将新的问题反复看了两遍，然后奔奔说：“我先来说简单的，这个班女生 1 分钟仰卧起坐的最好成绩是 49 个，最差成绩是 16 个，这两个成绩相差 33 个，49−16=33（个）。”

奔奔刚说完，问题（1）就消失了。

“奔奔，你答对了！”皮皮开心地说。

“降水量 1.0 毫米”是一场怎样的雨

我们在天气预报中，经常听到“降水量为20毫米”之类的播报。降水量，是指从天空降落到地面上的水，未经蒸发、渗透、流失而在水平面上积聚的水层深度。

“降水量1.0毫米”的意思是，在1平方米（边长为1米的正方形的面积）内的降水量达到水层深度1毫米。此时降下的雨量为100厘米（1米）×100厘米×0.1厘米（1毫米）＝1000立方厘米。因为1立方厘米＝1毫升，所以降水量1000毫升＝1升。“降水量1.0毫米”就等于每1平方米里增加1升的水。1升有多少水，大家可以拿一盒1升装牛奶来看看。

小小的1毫米降水量，代表的雨量却是不少。一般来说，1小时降水量超过1毫米的情况下，就需要带把伞了。

丁当看着问题(2)开始分析:“成绩在40个或者40个以上为优秀，21个以下不及格，要知道优秀和不及格的人数，我们可以用之前的**符号标记法**，大于等于40个的成绩打√，小于21个的成绩画○，然后分段数一数就可以啦。”

皮皮说:“共4个优秀，2个不及格。”问题(2)也消失了。

丁当和奔奔、皮皮手拉手一起大声喊道:“魔法之门，请你带我们回到奇幻森林吧。”

门锁转动的声音响了，魔法之门就要打开了!

突然一个黑色的身影冲了过来，把丁当、皮皮和奔奔撞翻在地。

眼看黑影要进入魔法之门，忽然一大束耀眼的光芒射出，直接把他给弹飞了。一个威严的声音响起:“不劳而获的家伙，是没有资格进入魔法之门的。”

丁当、奔奔和皮皮听见了，立马从地上爬起来，手拉着手跨过魔法之门，走进那片耀眼的白光之中。

数学小博士

丁当和小伙伴们利用数据收集与整理的知识跨过了魔法之门，在对奇幻森林居民生日月份的数据收集、整理和分析过程中，学会了对收集的数据进行简单的汇总，并且通过应对魔法之门的难题，对给出的女生仰卧起坐成绩数据进行简单的排序和分组，了解了数据中的最大值和最小值，以及数据的分布情况。

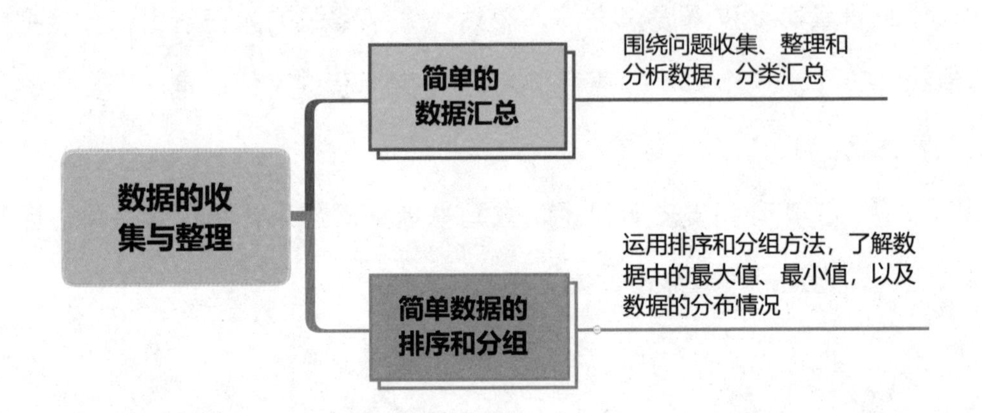

三个小伙伴眼前白茫茫一片，正在犹豫需要向哪个方向前进，只见白雾中飘进一片超大的绿色树叶，凑近一看，树叶上有字。

奇幻森林运动会中，20 个小动物的 1 分钟跳绳个数如下：

序号	成绩	序号	成绩	序号	成绩	序号	成绩	序号	成绩
1	20	5	45	9	30	13	78	17	56
2	70	6	35	10	75	14	65	18	32
3	35	7	40	11	50	15	45	19	35
4	95	8	25	12	60	16	40	20	50

这次运动会跳绳个数大于 75 个可以得一等奖，60~75 个可以得二等奖，40~59 个可以得三等奖。得一等奖的动物有（　　）个，得二等奖的动物有（　　）个，得三等奖的动物有（　　）个。

小狐狸在这次运动会中，成绩排第 7 名，他获得了（　　）等奖。

“用统一的符号标记！”皮皮立刻有了想法，“从前往后一个不漏地筛选出来，然后再数动物个数。比如大于 75 的用√标记，60~75 的用○标记，40~59 的用□标记。”

说着皮皮拿过一根树枝做起了标记。

序号	成绩	序号	成绩	序号	成绩	序号	成绩	序号	成绩
1	20	5	45	9	30	13	78√	17	56
2	70	6	35	10	75	14	65	18	32
3	35	7	40	11	50	15	45	19	35
4	95√	8	25	12	60	16	40	20	50

“一等奖 2 个，二等奖 4 个，三等奖 7 个。”

“小狐狸成绩排在第 7 名，一等奖和二等奖总共有 6 个，说明小狐狸的成绩是三等奖里的第一名，他得了三等奖！”奔奔接着皮皮的分析往下说。

话音刚落，树叶就从奔奔手中转着圈儿往上飘去，白茫茫的雾气也逐渐散去。

第十章

10 山神爷爷

——常见的数量关系

刚进入魔法之门，丁当、皮皮和奔奔就被一片白雾包围了。

不知道过了多久，白雾退去。三个小伙伴发现一朵朵洁白的云彩飘浮在他们身边，像是在迎接他们。

“嗖”的一声，飞来了一群魔毯。没错，是一群！它们像有生命一样，围着三个伙伴跳舞。

“恭喜你们凭借勇气和智慧打败了黑暗使者。”一位身穿白袍，白眉、白胡子的老爷爷微笑着出现在大家面前。

“您是山神爷爷吗？”皮皮问，奇幻森林中一直流传着山神爷爷的故事，传说中他就长这个样子，真没想到今天竟然能见到。

“没错。”山神爷爷笑眯眯地点点头，“下面就由我送你们一程，这些魔毯你们可以自由挑选……”

“太好了，我可以飞啦！飞翔一直是我的梦想，今天就要实现了。太棒了，我先来！哎哟……”山神爷爷话还没说完，奔奔就心急地拉住一条魔毯想要上去，结果却被调皮的魔毯扔了下来。

“别急，你们这么优秀，一定能挑到中意的魔毯。”

“爷爷您说，挑选的规则是什么？”丁当听懂了山神爷爷的意思，这个飞毯不是白坐的。

山神爷爷微笑着点点头说：“规则是需要你们算出魔毯的总价与路程。这里有三种魔毯，每种需要的魔币价格不同，如果①号买 2 张，②号买 3 张，③号买 4 张，各要多少魔币？”

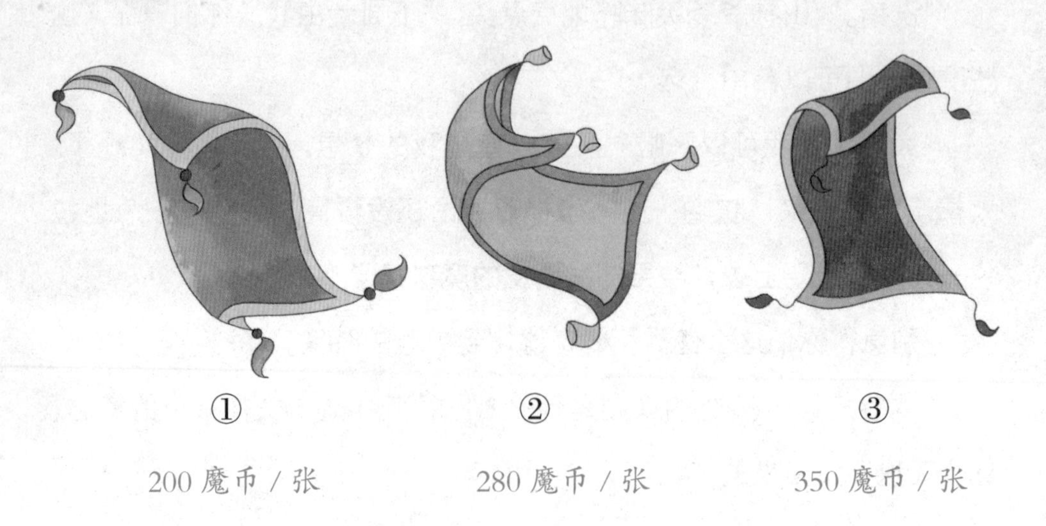

“200 魔币 / 张，是不是表示每张 200 魔币？”奔奔有些不确定。

“没错，它们依次读作 200 魔币每张、280 魔币每张和 350 魔币每张。”皮皮及时肯定了奔奔的想法。

在山神爷爷的提示下，皮皮用天空当纸，抓了一团云朵，搓成长条当笔，边写边画：“这三种魔毯都用每张魔毯的价格 × 买了多少 = 一共用的魔币总数。”

①号：200×2=400（魔币）

②号：280×3=840（魔币）

③号：350×4=1400（魔币）

“求一共用的魔币总数，为什么用乘法计算呢？难道不应该是加法吗？”奔奔现在越来越敢提问了。

“要算出每种魔毯的总价，需要**用魔毯的单价乘数量**，然后**再把三种魔毯的总价相加**，才等于一共要用多少钱。”皮皮一边解释一边画图。

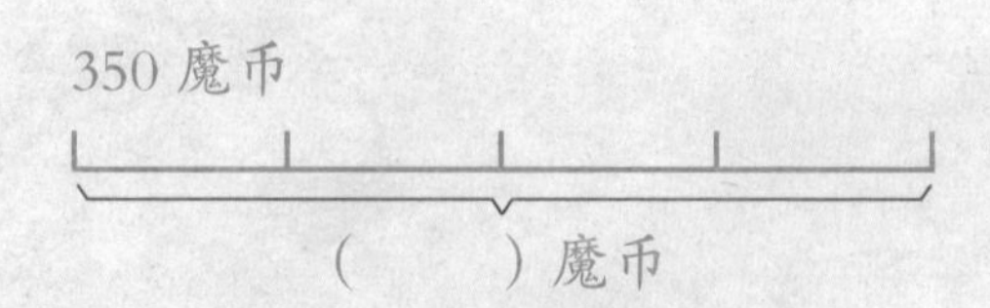

“数学中，把每件商品的价钱叫作**单价**，买了多少叫作**数量**。如果有多件商品，每一件就叫单品，一共用的钱数叫作**总价**。所以，单价 × 单品数量 = 单品总价，**几个单品总价相加等于总价**。”丁当接着皮皮的话进行补充。

听到这里，山神爷爷抚着胡子点头笑着说：“孩子们，你们只要能算出这几款魔毯 1 小时的路程，你们就能自由挑选。”

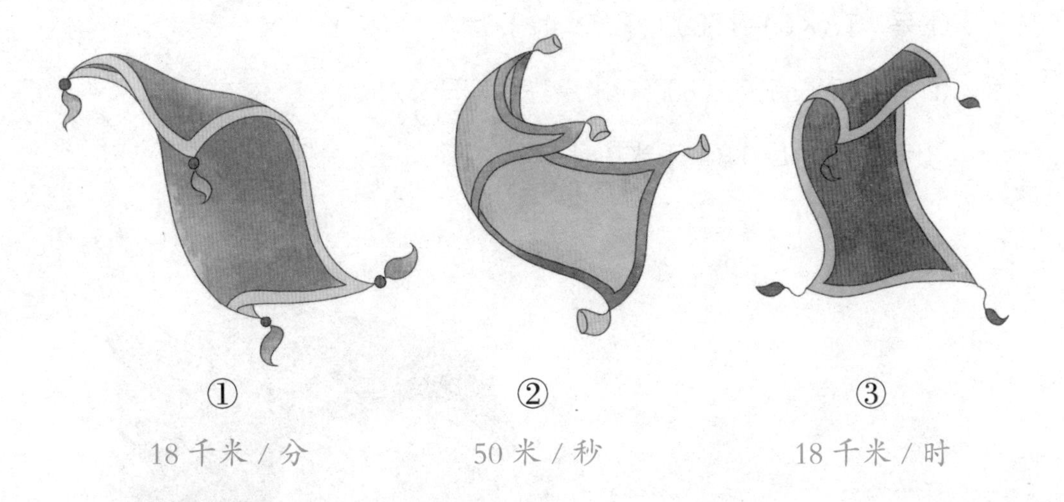

“那我们肯定挑选速度最快的啦。”奔奔回家的心情已经很迫切了，“可①号和③号速度都是 18 千米呢。”

“它们可不一样哦。”丁当说，“①号的速度是每分钟 18 千米，③号的速度是每小时 18 千米，①号肯定比③号速度快。所以，**比较速度时，我们还要关注它们的时间单位和路程单位**。”

“路程？”皮皮的关注点在山神爷爷的问题上。

“路程就是一共走了多长距离。”丁当说，“这些魔毯每秒钟、每分钟、每小时飞了多远，是速度，而飞了几秒钟、几分钟、几小时就是它们的飞行时间。”

“我知道了，之前我们学过时间的换算，现在是不是需要**先统一时间单位和路程单位**，再进行计算呀？”皮皮问。丁当立刻给他竖起了大拇指。

皮皮很开心，也在天空中算了起来，他把所有的时间单位都换算成小时，路程单位都换算成千米。

1 小时 =60 分钟 =3600 秒钟

①号　18×60=1080（千米 / 时）

②号　50×3600=180000 米 =180（千米 / 时）

③号　18×1=18（千米 / 时）

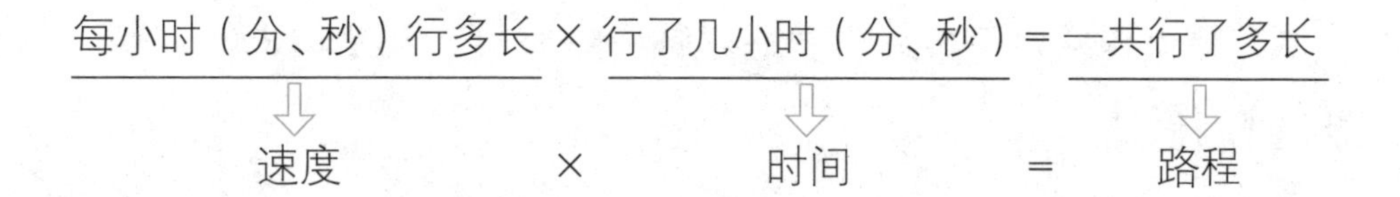

“同样飞 1 小时，①号走的路程最多，显然①号魔毯最快！我们就选①号。”奔奔看着运算结果开始挑选魔毯了。

“哈哈哈……没错，你们都很聪明！”山神爷爷发出一阵洪亮的笑声。

丁当、皮皮和奔奔向山神爷爷道谢后，都坐上了速度最快的魔毯，也就是①号魔毯。

终于可以回家啦！还是飞回家的！或许是魔毯能读懂乘客的心思，知道乘客归心似箭，所以魔毯飞得像火箭一样快。

小伙伴们太开心了，他们欢快的笑声在天空中化成一串串音符，好像在空中跳舞呢！

月份和日期数字相同会怎样？

准备一本日历，把月份和日期数字相同的那几天画个圈。比如，3月3日、4月4日等。仔细观察圈出的12天，几乎每隔1个月，“日月同数”就会出现在一星期中的同一天。以2023年的日历为例，3月3日、5月5日、7月7日都是星期五；4月4日、6月6日、8月8日、10月10日、12月12日都是星期二；9月9日、11月11日都是星期六。

为什么相隔1个月，有时候会出现如此神奇的星期“撞车”事件呢？

这是因为“相邻两月分别有31天和30天”“相间两个‘日月同数’相隔2个月2天”。我们来看一下从3月3日到5月5日经过的天数。3月3日到5月3日，正好经过2个月，3月有31天，4月有30天，因此经过了61天。5月3日到5日经过2天，共经过61+2=63（天）。

因为63可以被7整除，所以3月3日和5月5日是同一星期数。

数学小博士

三个小伙伴跨过魔法之门后，见到了山神爷爷，并且运用常见的数量关系：单价 × 数量 = 单品总价，单品总价相加 = 所有货品总价，速度 × 时间 = 路程，解决了魔毯问题，得到了速度最快的魔毯。

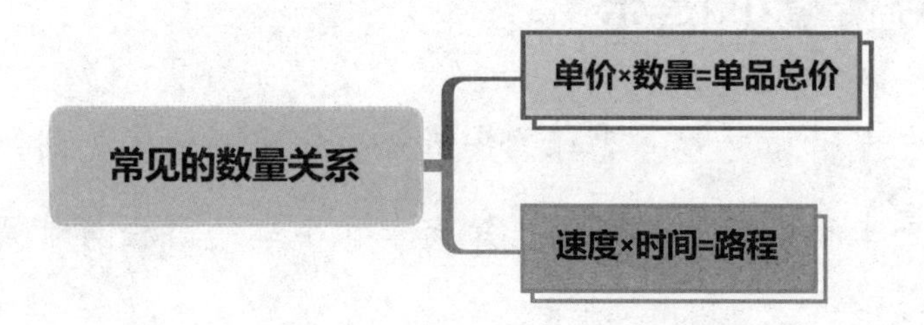

坐上魔毯，御风飞行，丁当忍不住想考考两个小伙伴：从甲地到乙地936千米，大车行3小时走216千米，小车行4小时走312千米，问哪辆车先到达？

温馨小提示

皮皮稍加思考，就有了头绪：要知道哪辆车先到，关键要比较大车和小车的速度。已知大车和小车的路程与时间，只需要用：路程 ÷ 时间 = 速度。

大车：216÷3=72（千米/时）

小车：312÷4=78（千米/时）

大车速度慢于小车速度，所以小车先到达。在这道题中，总路程其实是一个多余条件。

尾声

三个小伙伴感觉耳边没了呼呼的风声，睁开眼睛一看，他们已经站在奇幻森林的土地上了，眼前就是族长的木屋。

“族长，我们回来啦！”大家欢呼着跑进族长的屋子。

族长的身体已经好多了，他开心地说：“孩子们，你们真是了不起的森林卫士，这么快就成功夺回了魔法之门，不仅保护了奇幻森林，也保护了人类世界啊！”

“丁当，你愿意成为我们奇幻森林的荣誉居民吗？奇幻森林的大门永远向你敞开！”族长微笑着看向丁当。

“当然愿意，可是——我离家这么久，奶奶一定非常担心，我必须先回家一趟。”丁当还记得答应奶奶回家吃饭呢。

族长点点头：“通过这扇门，你就能回到人类世界了。我送你一支竹哨，你想来奇幻森林的时候，吹一下它，小蚂蚱就会带你回来的。”

真是一支漂亮的竹哨，翠绿的外壳泛着金光，摸上去光润如玉。

奔奔和皮皮依依不舍地拉着丁当，他们一起走到魔法之门前，大门缓缓地打开，丁当转过身，向着这些善良、热情的朋友们一边挥手告别一边后退，一不留神，绊了一脚向后倒去。

“啊——”丁当一下惊醒过来，揉了揉眼睛，发现自己正躺在草地上。

“难道刚才是我在做梦？”丁当很疑惑，他把手伸进口袋一摸，那支漂亮的竹哨还在，抬头一看，那只金色的蚂蚱正蹲在树桩上好像在冲他微笑。

“丁当，丁当，回来吃饭啦！”奶奶熟悉的呼唤声在不远处响起。

“来啦！”丁当答应着，准备回去时，忍不住回头一看，金色的蚂蚱不见了。

丁当笑了，他知道，蚂蚱会再次出现的，便握着竹哨往家跑去。他有了一个想法：等他回到神奇学院，一定要把这段冒险经历讲给欧阳院长和同学们听。

要知道，上学期，他因为失误没有考第一名，欧阳院长带着安然和安心去游学，经历了一系列的冒险奇遇，听说发生了好多好玩的事，他可羡慕啦！现在，他也有了自己的冒险故事，当然要和大家分享啦！